计算机基础项目化教程

周柏清　杨凤霞　主　编
柳　祎　朱锦晶　副主编

ZHEJIANG UNIVERSITY PRESS
浙江大学出版社

图书在版编目(CIP)数据

计算机基础项目化教程 / 周柏清,杨凤霞主编. —
杭州:浙江大学出版社,2022.1(2023.5 重印)

ISBN 978-7-308-21985-3

Ⅰ.①计… Ⅱ.①周… ②杨… Ⅲ.①电子计算机—
高等职业教育—教材 Ⅳ.①TP3

中国版本图书馆 CIP 数据核字(2021)第 232345 号

计算机基础项目化教程

JISUANJI JICHU XIANGMUHUA JIAOCHENG

周柏清　杨凤霞　主　编

责任编辑	吴昌雷
责任校对	王　波
封面设计	周　灵
出版发行	浙江大学出版社
	(杭州市天目山路 148 号　邮政编码 310007)
	(网址:http://www.zjupress.com)
排　　版	杭州晨特广告有限公司
印　　刷	杭州杭新印务有限公司
开　　本	787mm×1092mm　1/16
印　　张	11
字　　数	164 千
版 印 次	2022 年 1 月第 1 版　2023 年 5 月第 2 次印刷
书　　号	ISBN 978-7-308-21985-3
定　　价	35.00 元

前　言

　　本书是为非零基础大学生开发的基于在线开放课程的新形态教材。本书涵盖了浙江省高校计算机等级考试的"一级计算机应用基础考试大纲"和"二级办公软件高级应用技术考试大纲"中的知识点,针对工作过程中的实际任务,突出育人实效,加强对学生实际操作能力和职业能力的培养。

　　为了深化课程思政教学改革,围绕立德树人根本任务,本书分别以制作宣传文档"在湖州看见美丽中国"、党史主题教育演示课件"中国共产党党史"和处理"学生基本信息表"、"综合测评表"等电子表格等典型的综合案例详细讲解常用办公软件的使用。

　　本教材特色:

　　任务引领:以精心设计的整体项目为载体,将大纲的知识点融入各项目的任务中,项目设计突出课程思政元素。

　　实践性强:以"理论够用、突出实践"为原则,内容可操作性强,强调实践能力和职业能力的培养,突出育人成效。

　　便于自学:每个项目都有详细的操作步骤和操作截图,并可随时随地通过二维码扫一扫观看配套的教学视频。

　　资源丰富:在线资源丰富,提供教学视频、教学课件、教学计划、教案、各项目的原始素材和完成的效果文档,以及在线作业、在线答疑等。

　　本书由教学经验丰富的一线计算机教师编写完成。周柏清担任主编负责统编,编制了项目2的内容以及项目1和项目3的技能拓展部分,并录制了相应的微课;柳祎担任副主编,编制了项目3并录制了相应的微课;朱锦晶担任副主编,对项目1做了修改并录制了相应的微课;黄秀娟参与了项目1的编写并为本课程的建设提出了宝贵的修改意见。

　　本书由方东傅老师担任主审,公共计算机基础课程的授课教师也提出了许多宝贵修改意见,在此一并表示衷心感谢。

　　尽管编制过程中我们已在学生中试用并取得良好成效,但限于水平与经验,本书还需不断改进,恳请广大读者批评指正。

编　者

2021 年 8 月

本书课件下载

目　录

项目 1　文字信息处理

思维导图

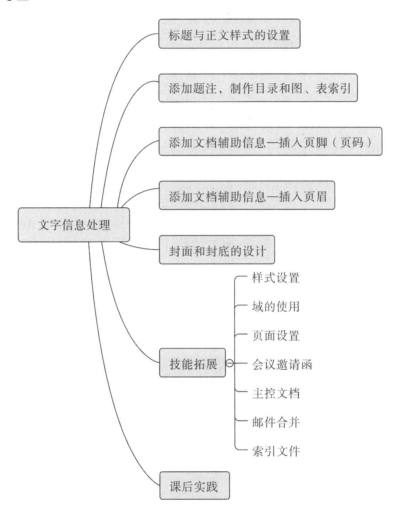

本项目素材下载

项目情境

为了打造"在湖州看见美丽中国"城市品牌,讲好湖州故事,提升城市对外影响力,湖州某单位宣传部委托某图文信息公司对文档初稿《在湖州看见美丽中国》进行编辑与排版。要求:(1)设计符合主题的封面和封底;(2)有统一的标题和文本格式;(3)文中的图和表要有题注;(4)有整齐美观的目录及索引;(5)设有页码和页眉。

任务一 标题与正文样式的设置

任务描述

> 对文档初稿"在湖州看见美丽中国"进行编辑和排版:为各级标题和正文设置样式。

相关微课

任务实施

1. 用多级列表对章名、小节名进行自动编号,代替原始的编号。

系统自带的样式为内置样式,用户无法删除 Word 内置的样式,但可以修改。不过,用户可以根据需要创建新样式,还可以将创建的样式删除。

任务:
　　(1)章名使用样式"标题1",并居中;
　　·章号(例:第一章)的自动编号格式为:多级列表,第 X 章(例:第 1 章),其中 X 为自动编号,注意:X 为阿拉伯数字序号。
　　(2)小节名使用样式"标题2",左对齐;
　　·自动编号格式为:多级列表,X.Y;
　　·X 为章数字序号,Y 为节数字序号(例:1.1);
　　·注意:X,Y 均为阿拉伯数字序号。
　　(3)新建样式,样式名为:"正文样式",其中:
字体
　　·中文字体为"楷体";
　　·西文字体为"Times New Roman";

- 字号为"小四"。

段落

- 首行缩进 2 字符;
- 段前 0.5 行,段后 0.5 行,行距 1.5 倍;
- 其余格式,默认设置。

(1)使用多级列表对章名、小节名进行自动编号

步骤 1:先设置章号,即"标题 1"。打开需要编辑的文档,这里以"在湖州看见美丽中国"为例,切换到功能区中的"开始"选项卡,在"样式"选项组中单击【对话框启动器】按钮 ,打开"样式"窗格,并勾选"显示预览",如图 1-1 所示。

图 1-1　"样式"窗格

步骤 2:全选文档,单击样式对话框中的"全部清除",在"样式"窗格中,单击样式"标题 1"右侧的下拉按钮,在弹出的下拉菜单中选择"修改"命令,打开"修改样式"对话框,如图 1-2 所示。

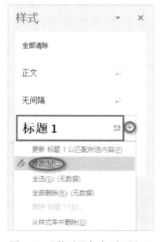

图 1-2　"修改"命令(标题 1)

步骤 3：在"修改样式"对话框中，设置"对齐方式"为"居中"，如图 1-3 所示。单击【确定】按钮，完成"标题 1"的设置。

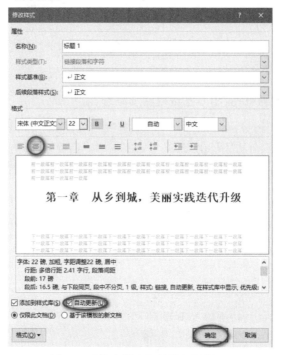

图 1-3 "修改样式"对话框（标题 1）

步骤 4：选择文档的章标题"第一章 从乡到城，美丽实践迭代升级"切换到功能区中的"开始"选项卡，在"段落"选项组中单击【多级列表】按钮，在展开的多级列表中选择"定义新的多级列表"命令，如图 1-4 所示，打开"定义新多级列表"对话框，如图 1-5 所示。

图 1-4 "多级列表"

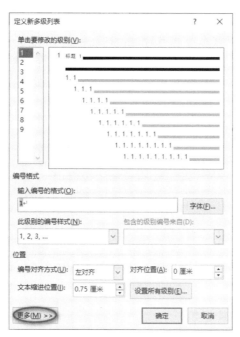

图 1-5　"定义新多级列表"对话框

再单击【多级列表】按钮,在打开的"多级列表"下拉菜单中选择"定义新的多级列表"命令,单击"定义新多级列表"对话框中的【更多】按钮,打开完整的"定义新多级列表"对话框;在"输入编号的格式"文本框中输入"第"和"章"(带灰色底纹的"1",不能自行删除或添加);将"将级别链接到样式"设置为"标题 1";将"要在库中显示的级别"设置为"级别1";将"起始编号"设置为"1",如图 1-6 所示。

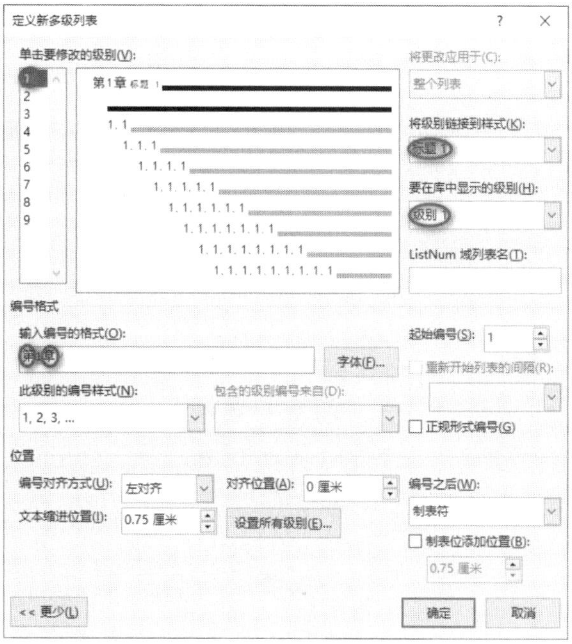

图 1-6　设置标题 1

步骤5：设置小节名，即"标题2"。选择文档中节标题"1.1 中国美丽乡村——安吉"，再次单击"段落"选项组中的【多级列表】按钮，打开完整的"定义新多级列表"对话框，然后在其中进行如下操作：将"单击要修改的级别"设置为"2"；保持默认的"输入编号的格式"；将"将级别链接到样式"设置为"标题2"；将"要在库中显示的级别"设置为"级别2"；将"起始编号"设置为"1"，如图1-7所示。

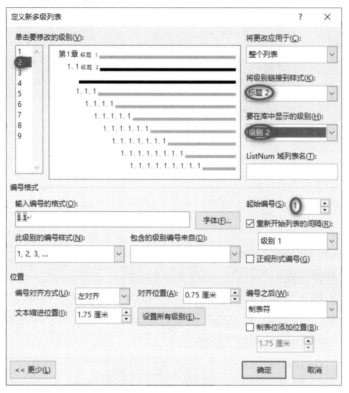

图1-7　设置标题2

步骤6：在"样式"窗格中，单击样式"1.1 标题2"右侧的下拉按钮，在弹出的菜单中选择"修改"命令，如图1-8所示，打开"修改样式"对话框。

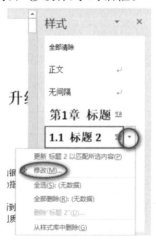

图1-8　"修改"命令（标题2）

步骤 7：在"修改样式"对话框中，单击左下角的【格式】按钮，在弹出的菜单中选择"段落"选项，打开"段落"对话框。

在"段落"对话框的"缩进和间距"选项卡中，设置"对齐方式"为"左对齐"，如图 1-9 所示。单击【确定】按钮返回"修改样式"对话框，再单击【确定】按钮完成设置。

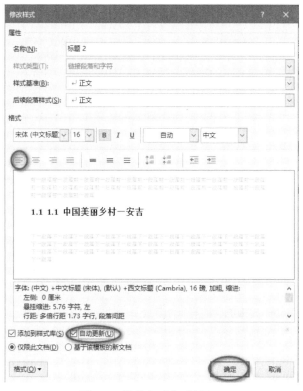

图 1-9　设置左对齐（标题 2）

步骤 8：单击文档的第一行（即章名所在的行）中任何位置，再单击应用"样式"窗格中的样式"标题 1"，如图 1-10 所示。并删除多余的章号（自动生成的带灰色底纹的不能删）。其余各章按序同理。

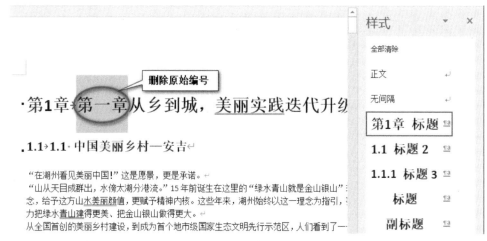

图 1-10　应用"标题 1"样式

步骤9：单击文档中节所在的行，再单击应用"样式"窗格中的样式"标题2"，如图1-11所示。并删除多余的节号（自动生成的带灰色底纹的不能删）。其余各节按序同理。

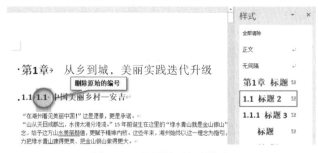

图1-11　应用"标题2"样式

提示：
　　为了将某一文本的格式快速复制到其他文本，可以使用"开始"选项卡的"剪贴板"选项组中的【格式刷】按钮 ✔格式刷 。

2. 新建样式，样式名为："正文样式"。并应用到正文无编号的文字中。

步骤1：将光标放置到正文的任何处，切换到功能区的"开始"选项卡，单击"样式"窗格中左下角的【新建样式】按钮 ，打开"根据格式化创建新样式"对话框：在"名称"文本框中输入"正文样式"，"样式基准"选择为"正文"，如图1-12所示。

再单击该对话框左下角的【格式】按钮，打开"字体"对话框，在"字体"选项中按要求设置字体，如图1-13所示。

单击【确定】按钮，返回"根据格式化创建新样式"对话框。

图1-12　"根据格式化创建新样式"对话框

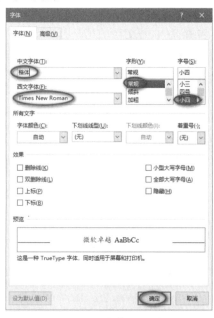

图1-13　"字体"对话框

步骤2:在"根据格式化创建新样式"对话框中:单击左下角的【格式】按钮,在弹出的菜单中选择"段落"选项,打开"段落"对话框。在"段落"对话框的"缩进和间距"选项卡中,按要求设置段落,如图1-14示。(注意:若度量单位不符,可在文本框中直接修改原度量值。)

单击【确定】按钮返回"根据格式化创建新样式"对话框,再单击【确定】按钮,可在"样式"窗格中看见设置完毕的新样式"正文样式"。

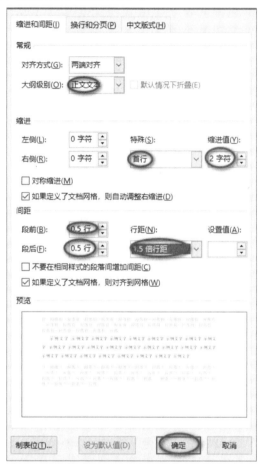

图1-14 "段落"对话框

步骤3:正文样式的应用。将光标置于正文的任何地方(无编号的文字),单击"样式"窗格中的样式"正文样式",应用正文样式。(也可使用格式刷进行操作。)

任务二 添加题注,制作目录和图、表索引

任务描述

用户可以通过插入图片(表格)题注为图片(表格)编号,从而更清晰规范地管理和查找图片(表格)。在文档中含有大量图片(表格)的情况下尤其适用。

在文档中,通过插入交叉引用,可以动态引用当前文档中的书签、标题、编号、脚注等内容。

相关微课

任务实施

1.添加题注

任务:

(1)对正文的图添加题注"图",位于图下方,居中。要求:

①编号为"章序号"-"图在章中的序号",(例如第 1 章中第 2 幅图,题注编号为 1-2);

②图的说明使用图下一行的文字,格式同编号;

③图居中。

(2)对正文中的表添加题注"表",位于表上方,居中。要求:

①编号为"章序号"-"表在章中的序号",(例如第 1 章中第 1 张表,题注编号为 1-1);

②表的说明使用表上一行的文字,格式同编号;

③表居中,表内文字不要求居中。

(1)为图、表创建题注

步骤 1:将光标定位在文档中第一张图片的下一行的题注前,如图 1-15 所示,切换到功能区中的"引用"选项卡,单击"题注"选项组中的【插入题注】按钮 ,打开"题注"对话框。

图 1-15 光标定位在图的题注前

步骤 2：在"题注"对话框中，单击【新建标签】按钮，打开"新建标签"对话框，在其中输入"图"（如图 1-16 所示）。单击【确定】按钮，返回"题注"对话框。此时，新建的标签出现在"标签"列表框中。

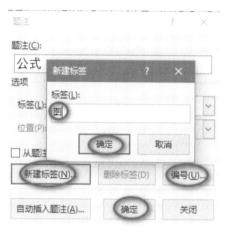

图 1-16 新建标签"图"

步骤 3：在"题注"对话框中，选择刚才新建的标签"图"，再单击【编号】按钮，在打开的"题注编号"对话框中，勾选"包含章节号"复选框，确认"章节起始样式"为"标题 1"，如图 1-17 所示。单击【确定】按钮，返回"题注"对话框。此时，"题注"文本框中的内容由"图 1-"变为"图 1-1"，单击【确定】按钮。

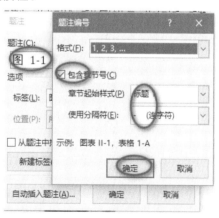

图 1-17 设置题注编号

> **提示：**
>
> 　为了使图片的题注更加规范,可在题注和图片的说明文字之间插入一个空格。只有第一张图的图注需要设置题注编号,其余的 Word 会自动识别。

步骤 4:选中该图片和题注,切换到功能区的"开始"选项卡,单击"段落"选项组中的【居中】按钮 ≡ 。同理,依次设置文档中的题注和图片。

表题注的设置同理,唯一不同之处是在新建的标签文本框中输入"表"。

(2)创建交叉引用

步骤 1:选中文档中第一张图片的上一行文字中的"下图",切换到"引用"选项卡,单击"题注"选项组中的【交叉引用】按钮 交叉引用 ,打开"交叉引用"对话框。

步骤 2:在如图 1-18 所示的"交叉引用"对话框中,设置"引用类型"、"引用内容"和"引用哪一个题注"。单击【插入】按钮,并关闭该对话框。

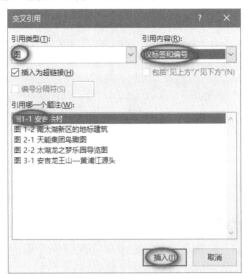

图 1-18　"交叉引用"对话框

同理,依次对文档中其余图片设置交叉引用。

表的交叉引用的设置同理,只需在"交叉引用"对话框中选择"引用类型"为"表"。

> **提示：**
>
> 　交叉引用设置时可以将所有的图注和表注的交叉引用完成后,单击"插入"按钮。

(3)设置脚注和尾注

脚注和尾注是对文本的补充说明。脚注一般位于页面的底部,可以作为文档某处内容的注释;尾注一般位于文档的末尾,列出引文的出处等。

脚注和尾注由两个关联的部分组成,包括注释引用标记和其对应的注释文本。用户可让 Word 自动为标记编号或创建自定义的标记。在添加、删除或移动自动编号的注释时,Word 将对注释引用标记重新编号。

任务:

在正文中首次出现"安吉"的地方插入脚注,内容为"全国首创的美丽乡村"。

步骤 1:将光标定位在首次出现的"安吉"后,切换到功能区中的"引用"选项卡。

步骤 2:单击"脚注"选项组中的【插入脚注】按钮 $\overset{AB^1}{\underset{插入脚注}{}}$,在文档下面直接输入脚注内容"全国首创的美丽乡村"即可,如图 1-19 所示。

图 1-19　插入"脚注"

2. 制作目录和索引

目录,通常是长文档不可缺少的一部分。通过目录,用户可以快速掌握和查找文档内容。如果通过人工创建目录,不仅效率低,而且随着文档内容、格式的修订,目录更新工作也很复杂。在 Word 中可以自动生成目录,使目录的制作变得简单方便,而且在文档发生改变以后,还可以利用更新目录功能及时调整目录的内容。

任务:

在正文前按序插入节,分节符类型为"下一页"。使用 Word 提供的功能,自动生成如下内容。要求如下:

(1)第 1 节:目录。

①"目录"使用样式"标题 1",并居中;

②"目录"下为目录项。

(2)第 2 节:图索引。

①"图索引"使用样式"标题 1",并居中;

②"图索引"下为图索引项。

(3)第 3 节:表索引。

①"表索引"使用样式"标题 1",并居中;

②"表索引"下为表索引项。

索引是根据一定需要,把书刊中的主要概念或各种题名摘录下来,标明出处、页码,按一定次序分条排列,以供人查阅的资料。它是图书中重要内容的地址标记和查阅指南。

(1)创建文档目录

步骤 1:将鼠标单击正文第一页的章序号("第 1 章"),如图 1-20 所示。切换到"页面布局"选项卡,单击"页面设置"选项组中的【分隔符】按钮,从弹出的菜单中选择"下一页"

分节符，如图 1-21 所示。

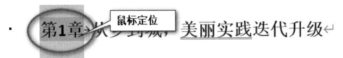

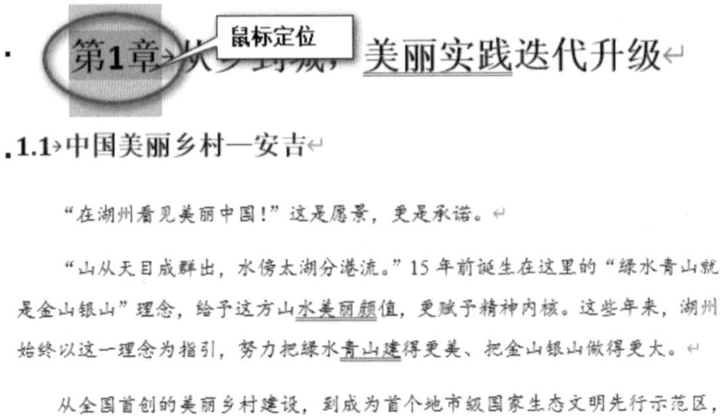

鼠标定位
第1章 从乡到城，美丽实践迭代升级
1.1 中国美丽乡村—安吉
"在湖州看见美丽中国！"这是愿景，更是承诺。
"山从天目成群出，水傍太湖分港流。"15 年前诞生在这里的"绿水青山就是金山银山"理念，给予这方山水美丽颜值，更赋予精神内核。这些年来，湖州始终以这一理念为指引，努力把绿水青山建得更美、把金山银山做得更大。
从全国首创的美丽乡村建设，到成为首个地市级国家生态文明先行示范区，

图 1-20　光标定位处

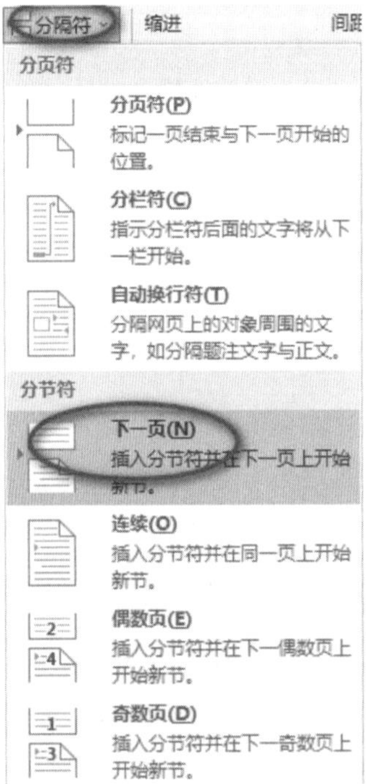
分隔符
缩进
分页符
分页符(P)
标记一页结束与下一页开始的位置。
分栏符(C)
指示分栏符后面的文字将从下一栏开始。
自动换行符(T)
分隔网页上的对象周围的文字，如分隔题注文字与正文。
分节符
下一页(N)
插入分节符并在下一页上开始新节。
连续(O)
插入分节符并在同一页上开始新节。
偶数页(E)
插入分节符并在下一偶数页上开始新节。
奇数页(D)
插入分节符并在下一奇数页上开始新节。

图 1-21　插入"下一页"分隔符

提示：

分节符是分隔符的一种，使用分节符可以灵活地改变文档中一个或多个页面的版式和格式，即用户可以更改个别节中的页边距、纸张大小及方向、页面上文本的对齐方式、页眉和页脚等格式。

步骤2：将光标定位在新插入的节的开始位置，输入"目录"两字，此时"目录"前自动出现了"第1章"字样（即应用了"标题1"样式），如图1-22所示。

图1-22 输入"目录"

步骤3：将光标定位在"目录"前，删除文本"第1章"。

步骤4：将光标定位在"目录"后，按回车键，产生换行。

切换到功能区的"引用"选项卡，单击"目录"选项组中的【目录】按钮，从弹出的菜单中选择"插入目录"命令（如图1-23所示），打开"目录"对话框：选择"目录"选项卡，确认已选中"显示页码"和"页码右对齐"复选框，并将"显示级别"改为"2"，如图1-24所示。单击【确定】按钮，自动生成目录项。

图1-23 "目录"菜单

图 1-24 "目录"对话框

(2)生成图索引、表索引

操作步骤同"(1)生成目录"。

步骤 1:将光标单击选中在正文第一页的章序号(即"第 1 章"),再切换到"页面布局"选项卡,单击"页面设置"选项组中的【分隔符】按钮 ，在弹出的菜单中选择"下一页"分节符。

步骤 2:将光标定位在新插入的节的开始位置,输入"图索引"三个字,此时"图索引"前自动出现了"第 1 章"字样(即应用了"标题 1"样式)。

步骤 3:将光标定位在"图索引"前,删除文本"第 1 章"。

步骤 4:将光标定位在"图索引"后,按回车键,产生换行。

切换到功能区的"引用"选项卡,单击"题注"选项组中的【插入表目录】按钮 ，打开"图表目录"对话框:选择"题注标签"为"图",如图 1-25 所示。单击【确定】按钮,自动生成图索引项。

图 1-25 "图表目录"对话框

生成表索引只需重复步骤 1～3。步骤 4 中,只需更改"题注标签"为"表"即可。

任务三　添加文档辅助信息——插入页脚(页码)

任务描述

页眉可由文本或图形组成,出现在文档页面的顶端,而页脚则出现在页面的底端。页眉和页脚通常包括页码、章节标题和日期等文档相关信息,可以使文档更加美观并便于阅读。

默认情况下,页眉和页脚均为空白内容,只有在页眉和页脚区域输入文本或插入页码等对象后,用户才能看到页眉或页脚。

相关微课

任务实施

1.插入页码

任务:

为不同的节设置不同类型的页码。

使用适合的分节符,对正文进行分节。添加页脚,使用域插入页码,居中显示。

(1)正文前的节,页码采用" i , ii , iii ,…"格式,页码连续。

(2)正文中的节,页码采用"1,2,3,…"格式,页码连续。

(3)正文中每章为单独一节,页码总是从奇数页开始。

(4)更新目录、图索引和表索引。

(1)设置正文前的页码

步骤 1:将光标定位在每章的章序号,切换到"页面布局"选项卡,单击"页面设置"选项组中的【分隔符】按钮,从弹出的"分隔符"下拉菜单中选择"奇数页"分节符。

步骤 2:切换到功能区的"插入"选项卡,在"页眉和页脚"选项组中单击【页码】按钮,从弹出的菜单中选择位置合适的页码显示,如图 1-26 所示。此时同时在功能区中显示了"'页眉和页脚工具'设计"选项卡。

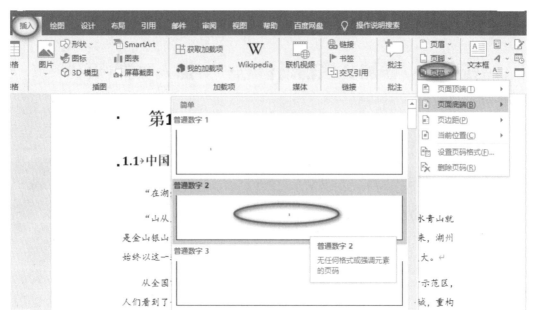

图 1-26　选择页码显示的位置

步骤 3：切换到"'页眉和页脚工具'设计"选项卡，单击"页眉和页脚"选项组中的【页码】按钮，从弹出的下拉菜单中选择"设置页码格式"命令（如图 1-27 示），打开"页码格式"对话框。在该对话框中，选择"数字格式"为"ⅰ，ⅱ，ⅲ，…"，并选择"起始页码"单选按钮，如图 1-28 所示。单击【确定】按钮。

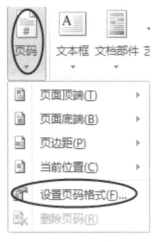

图 1-27　"页码"菜单

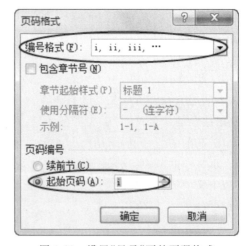

图 1-28　设置"目录"页的页码格式

步骤 4：将光标定位于"图索引"页的页脚处（可以看到已有页码插入，但是格式不对）。单击"页眉和页脚"选项组中的【页码】按钮，从弹出的"页码"下拉菜单中选择"设置页码格式"命令，打开"页码格式"对话框，选择"数字格式"为"ⅰ，ⅱ，ⅲ，…"，并选择"续前节"单选按钮，如图 1-29 所示。单击【确定】按钮。同理，设置"表索引"页的页码格式。

图 1-29　设置"图索引"页的页码格式

步骤 5：将光标定位在第 4 页（空白页）页脚处的页码处，单击"导航"选项组中的【链接到前一条页眉】按钮，使之处于未选中状态，取消与上一节相同的格式，如图 1-30 所示（原本显示的文字"与上一节相同"会消失）。删除第 4 页的页码。

图 1-30　取消链接

(2)设置正文的页码

步骤 1：将光标定位于正文第 1 页的页脚处，单击"导航"选项组中的【链接到前一条页眉】按钮，取消与上一节相同的格式。并勾选"奇偶页不同"。

步骤 2：单击"页眉和页脚"选项组中的【页码】按钮，从弹出的"页码"下拉菜单中选择"设置页码格式"命令，打开"页码格式"对话框，选择"数字格式"为"1，2，3，…"，并选择"起始页码"为"1"单选按钮，如图 1-31 所示。单击【确定】按钮。

再次单击"页眉和页脚"选项组中的【页码】按钮，从弹出的"页码"下拉菜单中选择"页面底端"下的居中显示的页码，如图 1-32 所示。

单击"关闭"选项组中的【关闭页眉和页脚】按钮，返回到正文编辑状态。

图 1-31　设置正文页码格式

图 1-32　插入正文页码

(3)更新目录、图索引和表索引

单击"目录"页的任一目录项,切换到功能区的"引用"选项卡,单击"目录"选项组中的【更新目录】按钮 [图] 更新目录 ,打开"更新目录"对话框中,选择"更新整个目录"单选按钮,如图 1-33 所示。单击【确定】按钮。

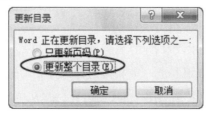

图 1-33　更新目录"对话框

同理,依次更新"图索引"目录和"表索引"目录(此时只需更新页码)。

任务四　添加文档辅助信息——插入页眉

任务描述

> 在很多书籍中奇偶页的页眉是不同的,例如在奇数页上使用书籍名称,而在偶数页上使用章标题。

相关微课
　　详见任务三。

任务实施

1.制作页眉

任务：
　　为正文奇偶页创建不同的页眉。使用域，按以下要求添加内容，居中显示。
　　(1)对于奇数页，页眉中的文字为"章序号"＋"章名"；
　　(2)对于偶数页，页眉中的文字为"节序号"＋"节名"。

(1)创建奇数页页眉

　　步骤 1：双击正文第一页的页眉区，进入页眉编辑状态，并显示"设计"选项卡。勾选"选项"选项组中的"奇偶页不同"复选框。单击"导航"选项组中的【链接到前一条页眉】按钮 链接到前一条页眉 ，取消与上一节相同的格式。

　　步骤 2：单击【文档部件】按钮，从弹出的菜单中选择"域"和"插入域"命令，如图 1-34 所示，打开"域"对话框。

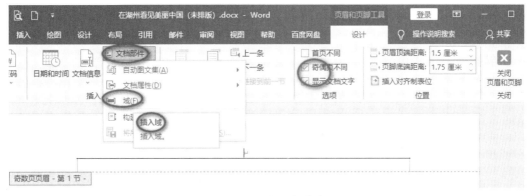

图 1-34　选择"域"命令

　　在该对话框中：选择"类别"为"链接和引用"；"域名"为"StyleRef"；"样式名"为"标题 1"；"域选项"下勾选"插入段落编号"，如图 1-35 所示。单击【确定】按钮，插入了章序号。

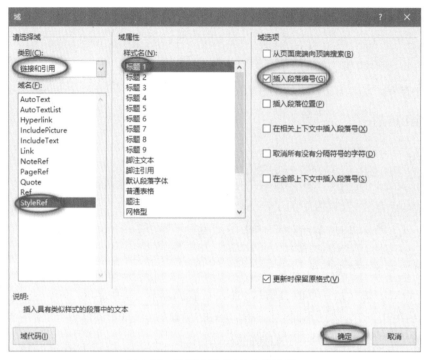

图 1-35　"域"对话框(插入章序号)

步骤 3：重复步骤 2，在打开的"域"对话框中设置图 1-35 中所示的"类别"、"域名"和"样式名"，"域选项"下取消"插入段落编号"复选框。单击【确定】按钮，插入了章名。

（注意：为规范起见，在"章序号"和"章名"之间插入一个空格。）

(2)创建偶数页页眉

步骤 1：将光标定位正文第 2 页（偶数页）页眉中，单击"导航"选项组中的【链接到前一条页眉】按钮 ![链接到前一条页眉]，取消与上一节相同的格式。

步骤 2：切换到功能区的"插入"选项卡，单击"文本"选项组中的【文档部件】按钮，从弹出的菜单中选择"域"命令，打开"域"对话框。

在该对话框中：选择"类别"为"链接和引用"；"域名"为"StyleRef"；"样式名"为"标题 2"；"域选项"下勾选"插入段落编号"，如图 1-36 所示。单击【确定】按钮，插入了节序号。

步骤 3：重复步骤 2，在打开的"域"对话框中设置如图 1-36 所示的"类别"、"域名"和"样式名"，"域选项"下取消"插入段落编号"复选框。单击【确定】按钮，插入了节名。

（注意：为规范起见，在"节序号"和"节名"之间插入一个空格。）

由于前面设置了"奇偶页不同"，可能会使得偶数页页脚处没有页码显示。此时只需在偶数页脚中再次插入居中页码即可。

最后更新"图索引"、"表索引"及"目录"。

图 1-36 "域"对话框(插入节序号)

任务五 封面和封底的设计

任务描述

　　无论是做一份报告还是其他文稿,为文档设计、制作一个漂亮的封面、封底,绝对是必要的,这样可以更快引起读者的阅读兴趣。本任务重点不在于设计一些高大上、华丽、新颖的封面,而是在于设计实用、正式的、传递信息的文档封面和封底。

　　相关微课

任务实施

> **任务:**
> 为文档设计、制作合适的封面和封底。
> (1)设计、制作文档的封面。
> (2)设计、制作文档的封底。

1. 制作文档封面

方法一:使用内置封面

步骤1:将光标定位到目录前,单击"插入"选项组中的【封面】按钮,选择"内置"—"切片(深色)",如图1-37所示。

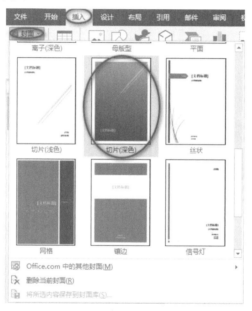

图1-37　插入封面

步骤2:根据文档内容,在相应位置,输入标题"在湖州看见美丽中国",设置字体为"华文中宋",字号"32"、删除"文档副标题",如图1-38所示。

图1-38　输入标题

这样，一个简单的文档封面就制作完成了，如图 1-39 所示。

图 1-39　内置封面效果图

方法二：自行设计文档封面

步骤 1：将光标定位目录前，单击"插入"选项组中的【空白页】按钮，如图 1-40 所示。

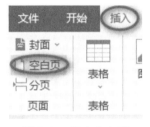

图 1-40　插入空白页

步骤 2：单击"插入"选项组【图片】按钮，选择插入图片来自"此设备"，如图 1-41 所示，选择事先设计好的封面图片。

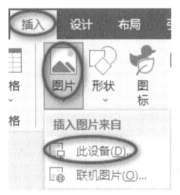

图 1-41　插入图片

步骤 3：在新插入的图片上，单击鼠标右键，选择"大小和位置"，如图 1-42 所示，打开

"布局"对话框,在"大小"选项卡中,设置图片高度"29.7 厘米",宽度"21 厘米"(即 A4 纸大小),如图 1-43 所示。

图 1-42　选择"大小和位置"　　　　　　　　图 1-43　设置图片大小

步骤 4:再在图片上,单击鼠标右键,选择"大小和位置",打开"布局"对话框,在"文字环绕"选项卡中,设置"浮于文字上方",如图 1-44 所示。

图 1-44　设置图片文字环绕

步骤 5:选择图片,移动到页面左上角,恰好覆盖整个页面,这样自制封面就制作完成了,最终效果如图 1-45 所示。

图 1-45　自制封面效果图

2. 制作文档封底

步骤 1:将光标定位正文的最后,同样插入空白页。

步骤 2:将光标定位到新插入的空白页,双击页眉,进入"页眉页脚"编辑状态,单击"导航"选项组中的【链接到前一条页眉】按钮 链接到前一条页眉,使之处于未选中状态,取消与上一节相同的格式。

步骤 3:单击"插入"选项组中【页眉】按钮,选择"删除页眉",如图 1-46 所示。

图 1-46　删除页眉

步骤 4：切换到页脚，单击"插入"选项组中【页码】按钮，选择"删除页码"，如图 1-47 所示，关闭"页眉页脚"视图。

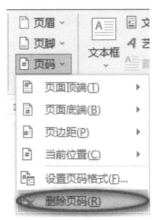

图 1-47　删除页码

步骤 5：同自制封面一样，在空白页插入事先设计好的封底图片，并设置图片布局（"大小和位置"、"文字环绕"）；选择图片，移动到页面左上角，恰好覆盖整个页面，这样封底就制作完成了，最终效果如图 1-48 所示。

图 1-48　封底效果图

提示：

　　大家可以从网上下载合适的图片素材作为封面、封底，也可以根据文档内容、个人喜好，使用其他图像处理软件，事先设计制作好封面、封底所需图片素材。

任务六　技能拓展

技能拓展
完整微课

文字信息处理中,有很多有用的高级小技巧,如页面设置、域的使用、邮件合并、主控文档等。

主控文档是一组单独文件(或子文档)的容器。使用主控文档可创建并管理多个文档,例如,包含几章内容的一本书。

邮件合并的作用就是可以批量帮我们生成格式统一但又有局部差异的文件,比如:信件、贺卡等。

Word 中的域,类似数据库中的字段,就是引导 Word 在文档中自动插入文字、图形、页码或其他信息的一组代码。若能熟练使用 Word 域,可增强排版的灵活性,减少许多烦琐的重复操作,提高工作效率。

索引是根据预定需要,把书刊中的主要概念或各种提名摘录下来,标明出处、页码,按一定次序分条排列,以供人查阅。它是图书中重要内容的地址标记和查阅指南。

任务描述 1:

样式设置:

建立文档"都市.docx",共有两页组成。要求:

1.第一页内容如下:

第 1 章　浙江

1.1　杭州和宁波

第 2 章　福建

2.1　福州和厦门

第 3 章　广东

3.1　广州和深圳

要求:章和节的序号为自动编号(多级符号),分别使用样式"标题 1"和"标题 2"。

2.新建样式"fujian",使其与样式"标题 1"在文字外观上完全一致,但不会自动添加到目录中,并应用于"第 2 章 福建"。

3.在文档的第二页中自动生成目录。

4.对"宁波"添加一条批注,内容为"海港城市";对"广州和深圳"添加一条修订,删除"和深圳"。

相关微课

任务实施

1. 设置"章""节"的标题

步骤1：打开新建的文字处理文档"都市.docx"。在文档的第一页输入文本（章号和节序号不用输入）。

步骤2：切换到功能区中的"开始"选项卡，在"段落"选项组中，单击【多级列表】按钮，打开"多级列表"的下拉菜单，在样式列表库中选择一种合适的列表（一般选择空白边上的第一个），使之成为当前列表（当前列表会加亮显示），如图1-49所示。

步骤3：再次单击【多级列表】按钮，在弹出的下拉菜单中选择"定义新的多级列表"命令，打开"定义新多级列表"对话框；再单击该对话框左下角【更多】按钮，打开完整的"定义新多级列表"对话框，按图1-50所示设置章号的相关信息（级别、格式、链接、起始编号等）。应用"标题1"样式。

图1-49 选择多级列表

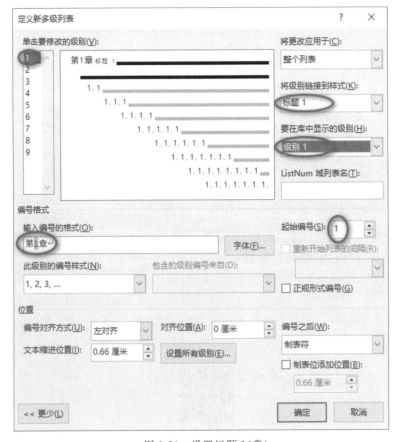

图1-50 设置标题1（章）

步骤4:将光标定位在文本"杭州和宁波"所在的行(即,节所在的行),单击【多级列表】按钮,我们看到"列表库"高亮显示的是"无"。此时需选择步骤3中设置好的标题1列表(如图1-51所示),使之成为当前列表(会高亮显示)。

步骤5:再次单击【多级列表】按钮,在打开的"多级列表"下拉菜单中选择"定义新的多级列表"命令,打开完整的"定义新多级列表"对话框,按图1-52所示设置标题2(节)的相关信息。应用"标题2"样式。

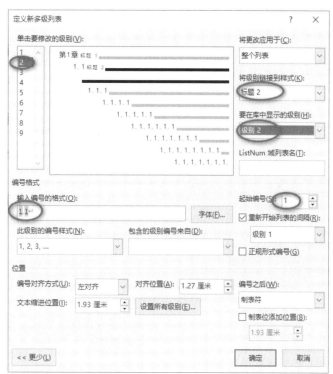

图1-51　选择设置好的标题1(章)　　　　　图1-52　设置标题2(节)

2. 新建样式

步骤1:将光标定位在"福建"所在的行(这样保证了在新建样式的同时就应用了样式)。

步骤2:切换到"开始"选项卡,单击"样式"选项组中的【样式】按钮,打开"样式"窗格。单击"样式"窗格中最左下角的【新建样式】按钮,打开"根据格式创建新样式"对话框,按图1-53所示设置。

步骤3:再单击该对话框左下角的【格式】按钮,选择"段落"选项,在打开的"段落"对话框中,按图1-54所示设置大纲级别。

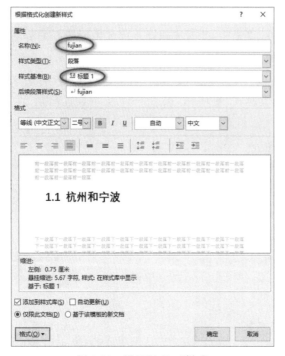

图 1-53　设置"fujian"样式　　　　1-54　设置大纲级别为"正文文本"

3. 生成目录

步骤 1:将光标定位在第一页的最后,切换到"布局"选项卡,单击【分隔符】一【分页符】(如图 1-55 所示),插入一空白页。

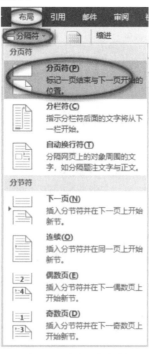

图 1-55　插入分页符

步骤 2：将光标定位在第二页，切换到功能区的"引用"选项卡，单击【目录】—【自动目录 1】（如图 1-56 所示），自动生成了目录。

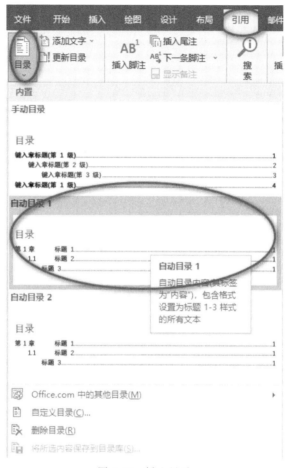

图 1-56　插入目录

4. 添加批注和修订

步骤 1：选择文本"宁波"。切换到"审阅"选项卡，单击【批注】—【新建批注】（如图 1-57 所示），在打开的批注框中输入文本"海港城市"即可。

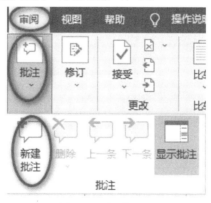

图 1-57　新建批注

步骤 2：选择文本"和深圳"。在"审阅"选项卡中，单击【修订】按钮的上半部，进入修订状态。按 Delete 键删除文本即可。

最后保存该文档。

任务描述 2：

域的使用：

建立文档"MyDoc. docx"，共有两页组成。要求：

1.文档总共有 6 页，第 1 页和第 2 页为一节，第 3 页和第 4 页为一节，第 5 页和第 6 页为一节。

2.每页显示内容均为三行，左右居中对齐，样式为"正文"。第一行显示：第 x 节；第二行显示：第 y 页；第三行显示：共 z 页。其中，x，y，z 是使用插入的域自动生成的，并以中文数字(壹、贰、叁)的形式显示。

3.每页行数均设置为 40，每行 30 个字符。每行文字均添加行号，从"1"开始，每节重新编号。

相关微课

任务实施

步骤 1：打开新建的文字处理文档"MyDoc. docx"。在第 1 页中输入三行文本"第节第页共页"，并居中对齐，确认样式为"正文"。

步骤 2：将光标定位在第一行文本"第"之后。切换到功能区的"插入"选项卡，单击【文档部件】—【域】(如图 1-58 图所示)，打开"域"对话框，按图 1-59 所示设置 X 域(节)。

图 1-58　插入域

图 1-59　设置 X 的域（节）

步骤 3: 重复步骤 1 和 2,设置 y 的域（页）为"编号"类别下的"Page",设置 z 的域（页数）为"文档信息"类别下的"Numpages"。

步骤 4: 复制第一页的文本,将光标定位在第 1 页末尾,切换到"布局"选项卡,单击【分隔符】—【分页符】,插入第 2 页,在第 2 页上粘贴文本。即 1 和 2 之间,插入"分页符";2 和 3 之间,插入"下一页";3 和 4 之间,插入"分页符";4 和 5 之间,插入"下一页";5 和 6 之间,插入"分页符",并在每个空白页上都粘贴文本。

步骤 5: 按 Ctrl+A 全选文本,单击鼠标右键,在弹出的快捷菜单中选择"更新域"命令,如图 1-60 所示。

图 1-60　更新域

步骤 6: 切换到功能区的"布局"选项卡,单击"页面设置"组中的【页面设置】按钮,打开"页面设置"对话框,在"文档网络"选项卡中,按图 1-61 所示设置。

步骤 7: 再切换到"布局"选项卡,按图 1-62 所示设置行号。

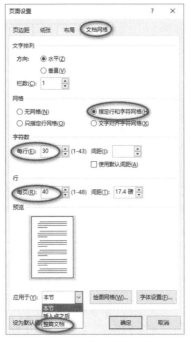

图 1-61　设置文档网格

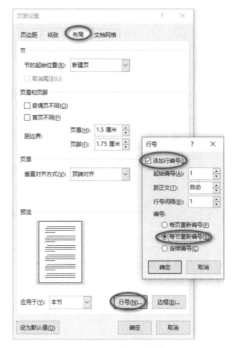

图 1-62　设置行号

文中若有多余的空白行，请删除。最后保存该文档。

任务描述 3：

页面设置：

建立文档"考试成绩.docx"，有三页组成。其中：

1.第一页中第一行内容为"语文"，样式为"标题 1"；页面垂直对齐方式为"居中"；页面方向为纵向、纸张大小为 16 开；页眉内容设置为"90"，居中显示；页脚内容设置为"优秀"，居中显示。

2.第二页中第一行内容为"数学"，样式为"标题 2"；页面垂直对齐方式为"顶端对齐"；页面方向为横向、纸张大小为 A4；页眉内容设置为"65"，居中显示；页脚内容设置为"及格"，居中显示；对该页面添加行号，起始编号为"1"。

3.第三页中第一行内容为"英语"，样式为"正文"；页面垂直对齐方式为"底端对齐"；页面方向为纵向、纸张大小为 B5；页眉内容设置为"58"，居中显示；页脚内容设置为"不及格"，居中显示。

相关微课

任务实施

步骤 1:打开新建的文字处理文档"考试成绩.docx"。由于要求各页设置不同的样式,所以单击【布局】—【分隔符】—【下一页】2 次,插入 2 个分节符。在 3 个空白页上分别输入"语文"、"数学"、"英语"。

步骤 2:将光标定位在文本"语文"所在的行,切换到功能区的"开始"选项卡,单击"样式"选项组中的【标题 1】按钮 。

步骤 3:切换到功能区的"布局"选项卡,单击【页面设置】按钮 ,打开"页面设置"对话框,按图 1-63、图 1-64、图 1-65 所示分别设置页面对齐方式、页面方向和纸张大小(第二页设置行号的操作在"布局"选项卡中完成)。

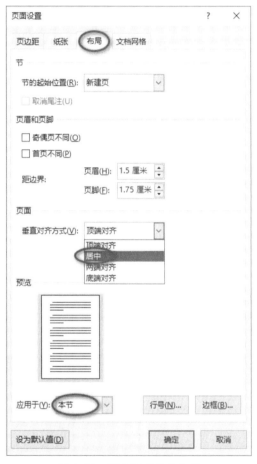

图 1-63   设置页面对齐方式

图 1-64　设置纸张方向

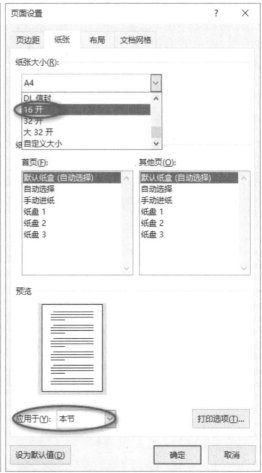
图 1-65　设置纸张大小

步骤 4：在页面或页脚区双击鼠标，进入"页眉和页脚"编辑状态（同时也出现了"页眉和页脚"选项卡）。在页眉区输入文本"90"，在页脚区输入文本"优秀"并居中。

步骤 5：同理，设置"数学"和"英语"。注意，在设置页眉时，需单击"导航"选项组中的【链接到前一节】按钮 ，使之处于未选中状态。此时删除原有文本输入新文本；页脚的操作同理。

任务描述 4：

会议邀请函：

建立文档"SJZY.docx"，设计会议邀请函。要求：

1.在一张 A4 纸上，正反面书籍折页打印，横向对折后，从右侧打开。

2.页面（一）和页面（四）打印在 A4 纸的同一面；页面（二）和页面（三）打印在 A4 纸的另一面。

3.四个页面要求一次显示如下内容：

* 页面(一)显示"邀请函"三个字,上下左右均居中对齐显示,竖排,字体为隶书,72 号。

* 页面(二)显示"汇报演出定于 2022 年 4 月 21 日,在学生活动中心举行,敬请光临。"文字横排。

* 页面(三)显示"演出安排",文字横排,居中,应用样式"标题 1"。

* 页面(四)显示两行文字,行(一)为"2022 年 4 月 21 日",行(二)为"学生活动中心"。竖排,左右居中显示。

相关微课

任务实施

步骤 1: 新建文字处理文档"SJZY. docx"并打开。单击【布局】—【页面设置】按钮,打开"页面设置"对话框,按图 1-66 所示设置反向书籍折页,在"纸张"选项卡中设置纸张大小。

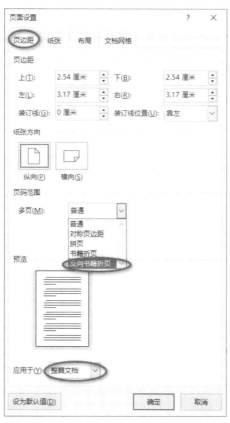

图 1-66　设置反向书籍折页

步骤2：由于文档中有4页，且每页设置均不同，所以需插入分隔符"下一页"3次，使文档共有4张空白页。

步骤3：在第1页，输入文本"邀请函"。按要求设置其字体、字号；选择文本，单击鼠标右键，在弹出的快捷菜单中选择"文字方向"（如图1-67所示），打开"文字方向"对话框，按图1-68所示设置文字方向。

图1-67　快捷菜单"文字方向"　　　　图1-68　设置文字方向为"垂直"

再单击"段落"组中的居中按钮 ≡ 使其左右居中；在"页面设置"对话框的"布局"选项卡中，设置其垂直对齐方式为居中，应用于"本节"。

步骤4：在第2页，输入页面（二）的内容；在第3页，输入页面（三）的内容，使其居中并应用"标题1"样式；在第4页，输入页面（四）的内容，设置方法同步骤3。

步骤5：单击【文件】—【打印】—【手动双面打印】，如图1-69所示。

图1-69　打印输出

任务描述 5：

邮件合并：

建立考生信息(Ks. xlsx)，如表 1 所示。要求：

1. 使用邮件合并功能，建立成绩单范本文件 Ks_T. docx，如图 1 所示；
2. 生成所有考生的信息单"Ks. docx"。

表 1

准考证号	姓名	性别	年龄
8011400001	张三	男	22
8011400002	李四	女	18
8011400003	王五	男	21
8011400004	赵六	女	20
8011400005	吴七	女	21
8011400006	陈一	男	19

准考证号：《准考证号》

姓名	《姓名》
性别	《性别》
年龄	《年龄》

图 1

相关微课

任务实施

步骤 1：双击打开新建的电子表格文档"Ks. xlsx"，在 Sheet1 中输入如表 1 所示的数据。保存并关闭。

步骤 2：双击打开新建的文字处理文档"Ks. docx"，插入一个 2×3 表格，按图 1-70 所示输入表格信息（可根据需要对表格做适当的排版）。

准考证号：

姓名		
性别		
年龄		

图 1-70　插入表格

步骤 3：单击【邮件】—【选择收件人】—【使用现有列表】（如图 1-71 所示），打开"选择数据源"对话框，按图 1-72、图 1-73 所示选择之前建好的电子表格为数据源。

图 1-71　"选择收件人"下拉菜单

图 1-72　选取 KS.XLS 为数据源

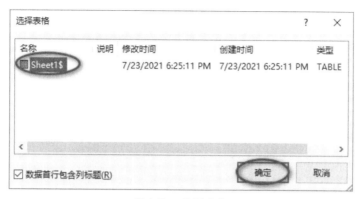

图 1-73　选择表格

步骤 4:将光标定位在 Ks.docx 文档中电子表格的对应位置,单击【插入合并域】下拉菜单的选项(如图 1-74 所示),插入对应的域。

图 1-74　插入合并域

步骤 5:单击【完成并合并】—【编辑单个文档】(如图 1-75 所示),打开"合并到新文档"对话框,选择"全部"(如图 1-76 所示)。单击【确定】按钮,此时生成了一个合并后的新文档,并保存为 Ks.docx。

图 1-75　完成并合并

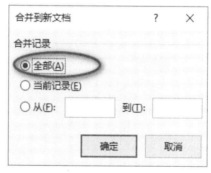

图 1-76　合并到新文档

任务描述6：

> **主控文档：**
>
> 　　建立主控文档 Main.docx,按序创建子文档 Sub1.docx,Sub2.docx,Sub3.docx。其中：
>
> 　　1.Sub1.docx 中第一行内容为"Sub1",第二行内容为文档创建的日期（使用域,格式不限）,样式为正文。
>
> 　　2.Sub2.docx 中第一行内容为"Sub2",第二行内容为"→",样式均为正文。
>
> 　　3.Sub3.docx 中第一行内容为"办公软件高级应用",样式为正文,将该文字设置为书签（名为 Mark）；第二行为空白行；在第三行插入书签 Mark 标记的文本。

　　相关微课

任务实施

　　步骤1：打开新建的文档"Sub1.docx",在该文档的第一行中输入"Sub1",按回车键产生第二行。

　　步骤2：选中"1",单击"字体"选项组中的【上标】按钮 。

　　步骤3：将光标定位在第二行。单击【插入】—【文档部件】—【域】,按图 1-77 所示设置时间域（默认的样式为正文,无特殊情况不用设置）。单击【保存】按钮。

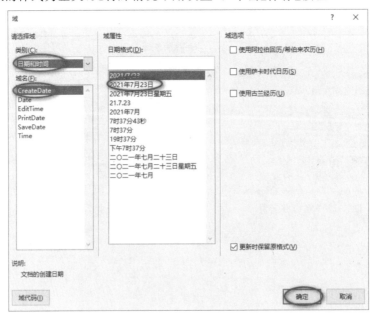

图 1-77　设置时间域

（关于域的类型还有很多，比如，表示文档存储大小的域是"文档信息"类别下的
Filesize，基本上能从域名猜出域的用途。）

步骤 4：（不关闭 Sub1 文档）直接将上标"1"改成"2"。将光标定位在第二行，选中第
二行文本，单击【插入】—【符号】—【其他符号】，打开"符号"对话框，按图 1-78 所示插入箭
头。将文件另存为 Sub2。

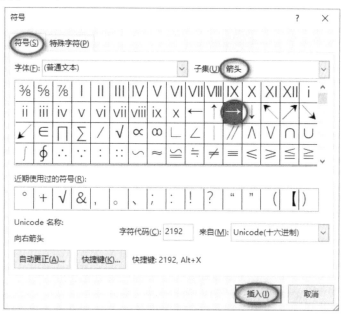

图 1-78　插入箭头

步骤 5：（不关闭 Sub2 文档），删除该文件中内容。在第一行中输入"办公软件高级应
用"（默认的样式为"正文"），选中该行文本，单击【插入】—【书签】，打开"书签"对话框，按
图 1-79 所示插入书签。

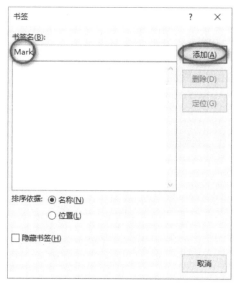

图 1-79　插入书签

注意:书签标记在默认情况下是不显示的。若要显示书签标记,操作步骤如下:单击【文件】—【选项】,打开的"Word 选项"对话框中,按图 1-80 所示设置即可显示书签。

图 1-80　显示书签

步骤 6:按回车键换行两次。

步骤 7:将光标定位在第三行。单击【引用】—【交叉引用】,打开"交叉引用"对话框,按图 1-81 所示添加书签。将文档另存为 Sub3。

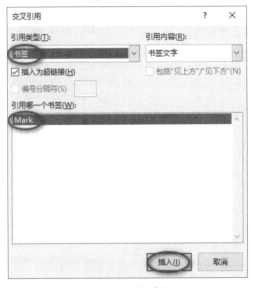

图 1-81　引用书签

步骤8：双击打开新建的文档"Main.docx"，单击【视图】—【大纲】，打开大纲视图。

步骤9：单击【显示文档】按钮 ，展开其余按钮。

步骤10：单击"主控文档"选项组中的【插入】按钮 ▣插入，打开"插入子文档"对话框。在打开的"插入子文档"对话框中，选择"Sub1.docx"。重复此步骤，分别插入"Sub2.docx"和"Sub3.docx"。保存该文件。

任务描述7：

> **索引文件：**
>   先建立文档"Exam.docx"，由六页组成。
>   其中：第一页第一行正文内容为"中国"，样式为"正文"；第二页第一行内容为"美国"，样式为"正文"；第三页第一行内容为"中国"，样式为"正文"；第四页第一行内容为"日本"，样式为"正文"；第五页第一行内容为"美国"，样式为"正文"；第六页为空白。
>   在文档页脚处插入"第 X 页共 Y 页"形式的页码，居中显示。再使用自动索引方式，建立索引自动标记文件"我的索引.docx"，其中：标记为索引项的文字 1 为"中国"，主索引项 1 为"China"；标记为索引项的文字 2 为"美国"，主索引项 1 为"American"。使用自动标记文件，在文档"Exam.docx"第六页中创建索引。

> **相关微课**

任务实施

1.新建索引文件

双击打开新建文档"我的索引.docx"，单击"表格"选项组中的【表格】按钮，插入一个 2×2 的表格，并输入内容，如图 1-82 所示。

中国↵	China↵	↵
美国↵	American↵	↵

图 1-82　表格内容

2.编辑新建文档，并建立索引

步骤1：双击打开新建文档"Exam.docx"。在第一页的第一行，输入文本"中国"。单击【布局】—【分隔符】—【分页符】，产生一空白页（第二页），输入文本"美国"。重复该步骤，共产生 6 页空白页，按要求输入文本。

步骤2：在页脚处双击，进入页脚编辑状态，单击【插入】—【页码】—【页码底端】—【加粗显示的数字2】插入居中的页码,如图1-83所示。

图1-83 插入居中的页码

步骤3:在数字域前后补上文本"第"、"页"、"共"、"页",删除不要的"/"。

步骤4:将光标定位在"Exam.docx"文档的第六页(空白页)中。单击"索引"选项组中的【插入索引】按钮,打开"索引"对话框,按图1-84所示设置页码对齐方式和栏数,并单击【自动标记】按钮。

图 1-84　设置自动索引

步骤 5:选择之前新建的索引文件"我的索引.docx"

步骤 4:再次单击"索引"选项组中的【插入索引】按钮,打开"索引"对话框,设置其页码对齐方式和栏数,直接单击【确定】按钮。保存该文件。

课后实战

从网上下载一篇与本专业相关的毕业论文(要求有图有表格),按照长文档的一般编辑要求对其编辑和排版,并为其设计合适的封面和封底。

按要求命名保存(命名格式:"学校—班级—班级序号—姓名",如"湖职院—软件2101—1—姜玲燕"),提交该文档。

附作业评分标准:

序号	观测点	分值
1	文档与专业相关	5
2	文档内容完整: 有图有文有表,有 3 章以上内容且正文每章有 3 节以上内容	10
3	文档按要求排版: 标题和正文样式设置(25) 为文中的图、表添加题注,图表均居中(10) 目录和图、表索引(10) 为非正文页和正文页添加不同的页脚(15) 为正文页添加奇偶页不同的页眉(15) 其他细节的处理(5)	80
4	封面封底设计效果佳	5
合计		100

项目 2　演示文稿设计

思维导图

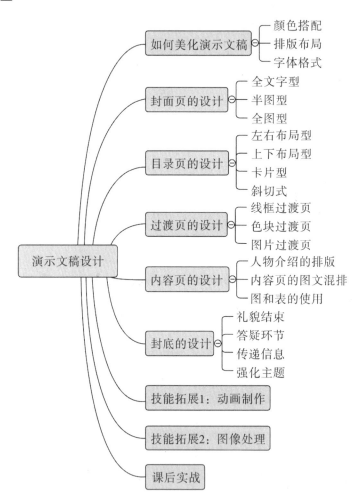

项目情境

在党史学习教育主题活动中,某单位宣传部委托某图文信息公司对课件初稿《中国共产党党史》进行美化。要求:(1)配色符合党史教育主题;(2)图片清晰,文本和图片的排版要合理;(3)文字投影效果好。

任务一　如何美化演示文稿

任务描述

制作演示文稿时,读者通常认为只要把相关的文字和图片往幻灯片上一放即可。怎样才能让演示文稿给别人留下美好印象呢? 这就需要适当地进行美化。一个优美的演示文稿,应风格统一、色彩协调、美观大方,所以在设计中要遵循以下五个原则:主题简明、逻辑清晰、重点突出、风格统一、结构完整。本任务将从颜色搭配、排版布局、字体格式三个方面,阐述常用的演示文稿美化技巧。

相关微课

任务实施

1. 颜色搭配

演示文稿的色彩处理得好,可以达到事半功倍的效果。因为色彩能改变心情,影响人们对事物的认知和心理感觉。成功的色彩搭配,能提高演示文稿的视觉感染力。

如果展示的内容是党建、团建等红色主题,一般会选用红色和黄色,如图 2-1 所示;如果展示的是和绿色、环保有关的主题,则一般会选用绿色,如图 2-2 所示。

彩图效果

图 2-1　党建、团建主题的颜色

彩图效果

图 2-2　绿色、环保主题的颜色

演示文稿有四个非常实用的配色方案,那就是单色系、同色系、邻近色和对比色。

(1)单色系

单色系是指任意的一种彩色,与黑、白、灰搭配,如图 2-3 所示。单色系案例如图 2-4 所示,它采用的是红色+黑灰白。

单色系

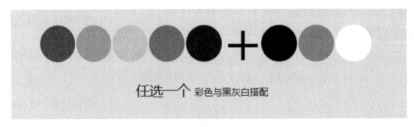

彩图效果

图 2-3　单色系配色

单色系案例

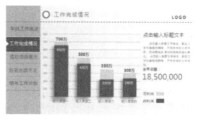

彩图效果

图 2-4　单色系案例

(2)同色系

同色系的配色方案,需重点参考色彩明度推移图(如图 2-5 所示)。中间是标准色。如果等量加入白色元素,其明度就越来越高;如果等量加入黑色元素,其明度就越来越低。在这条垂直的线上,不同的色相,会产生不同的色系。图 2-6 所示案例采用的是蓝色同色系配色方案。

同色系

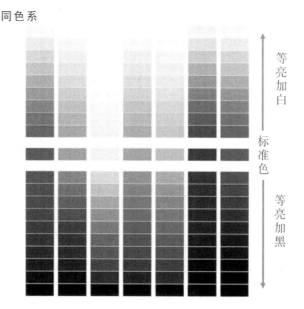

彩图效果

图 2-5　色彩明度推移图

彩图效果

图 2-6　同色系(蓝色)案例

(3)邻近色

图 2-7 所示的 24 色色相环中,相距 60 度或者相隔三个位置以内的两色,称为邻近色。邻近色之间往往是你中有我,我中有你。比如:朱红与橘黄,朱红以红为主,里面略有少量黄色;橘黄以黄为主,里面有少许红色,它们在色相上有一定差别,但在视觉上却比较接近。图 2-8 所示案例采用的是邻近的蓝色与黑白灰进行搭配。

邻近色

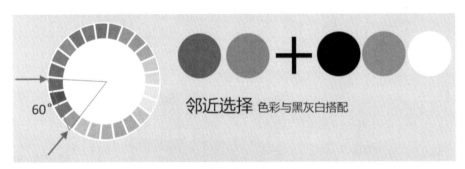

彩图效果

图 2-7　邻近色(蓝色)配色

彩图效果

图 2-8　邻近色案例

（4）对比色

色相环上相距 120 度到 180 度之间的两种颜色，称为对比色。图 2-9 就是取了相距 180 度的蓝色和黄色，加上黑白灰进行搭配。图 2-10 是这个配色方案的应用案例。

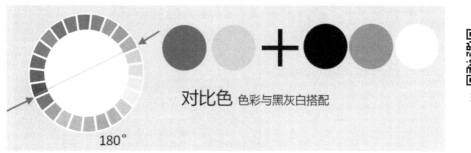

彩图效果

图 2-9　对比色（蓝＋黄）配色

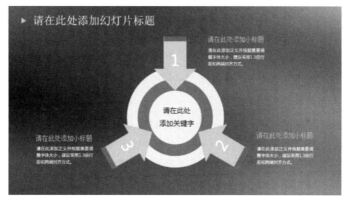

彩图效果

图 2-10　对比色案例

2. 排版布局

演示文稿的排版布局，讲究的就是易读性和美观性。排版是为了让版面更有稳定感，这是人类在长期观察自然中形成的一种视觉习惯和审美观念，我们通常运用对称与均衡来制造稳定感。

演示文稿排版布局常用的方式是：轴心式、左右分布式、上下分布式（如图 2-11 所示）。

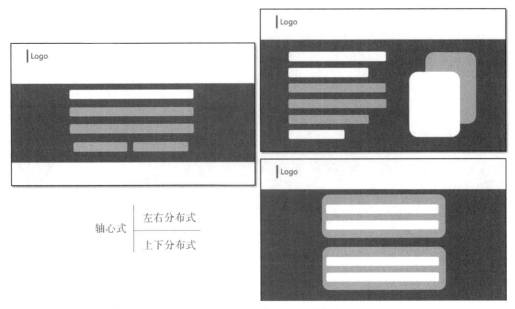

图 2-11　排版布局常用的三种方式

轴心式 ┤ 左右分布式 / 上下分布式

3.字体格式

文字信息处理中,用得最多的是宋体、仿宋和楷体,而演示文稿中常用的是黑体、微软雅黑,因为这几种字体投影效果佳。

当然,字体的选择需要考虑场合。严肃的场合,选用黑体和微软雅黑;为了体现古典韵味,宋体、楷体、行书、草书、隶书可以用在大标题,正文则主要还是使用黑体或微软雅黑;轻松活跃的场合,则可选用方正综艺简体和微软雅黑。

字体选用,请注意以下几点:

①尽量插入系统自带的字体,这样不用担心丢失的问题;

②系统不自带的字体,记得嵌入,免得拷贝后丢失;

③不宜使用过多的字体,2～3 种足矣。

任务二　封面页的设计

任务描述

　　演示文稿一般由 5 部分组成:封面、目录、过渡页、内容页和封底。封面作为整个演示文稿的门面,在很大程度上决定着整个作品的第一印象。本任务将以《中国共产党党史》的封面页初稿(如图 2-12 所示)为例,进行封面页的设计与美化。

图 2-12　《中国共产党党史》的封面页（初稿）

相关微课

任务实施

这个封面初稿，集成了很多初学者容易犯的毛病：模糊不清的背景图；让人看不清楚的文字；4：3 的显示比例不够大气。

首先，将幻灯片大小设置为 16：9（当前显示器的主流显示比例）。操作方法如下：切换到"设计"选项卡，单击【幻灯片大小】，在弹出的下拉菜单中，选择"宽屏（16：9）"（如图 2-13 所示）。

图 2-13　修改幻灯片的大小

如果演示场所使用的是特殊显示比例的显示屏，应提前做好了解，并选择图 2-13 所示的下拉菜单中的"自定义幻灯片大小"进行设置。

封面的设计形式有以下三种：

1. 全文字型（无图型）

如果实在找不到合适的图片，可以使用全文字型的封面。无图型封面就是灵活运用形状（三角形、矩形、圆形等）或添加色块，增加页面的设计感。全文字型封面如图 2-14 和图 2-15 所示。

彩图效果

图 2-14 全文字型封面(三角形形状和色块)

彩图效果

图 2-15 全文字型封面(圆形形状和色块)

添加"色块"的操作如下:①先插入形状。切换到"插入"选项卡,单击【形状】按钮,在弹出的形状下拉列表中,选择需要的图形,并在幻灯片中进行绘制;②再给形状填充颜色。选中插入的形状,此时会在选项卡中多出"绘图工具"的"形状格式"选项卡;③单击【形状填充】或【形状轮廓】,在弹出的下拉菜单中,根据设计需要设置形状的填充颜色和轮廓颜色。

多个图形或文本框的操作小贴士

(1)图层:当有多个图形或多个文本框层叠使用的时候,要注意设置它们之间的层级关系。这可以通过鼠标右键单击要调整的对象,在弹出的菜单中选择【置于顶层】—【置于顶层】或【上移一层】使显示对象上移;反之亦然。

(2)对齐辅助工具:勾选"视图"选项卡下的"网格线"复选框,打开网格线,方便多个图形或文本框的对齐操作。

(3)图形或文本位置的微调:使用 Ctrl 键+方向键,可对图形或文本框的位置进行微调。

---

2. 半图型

所谓半图型,就是在文字的基础上添加一些图形元素,让它看起来更有设计感。图片和文字的排版布局,常见的是左右和上下结构,如图 2-16 所示。

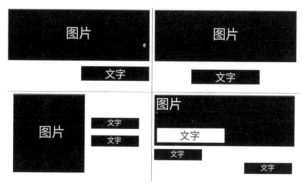

图 2-16　半图型封面的排版布局

图 2-17 所示的是图片和文字左右布局的半图型封面。

彩图效果

图 2-17　半图型封面

　　该幻灯片选用了灰色的背景,右边叠放了经过淡化和裁剪处理的图片(处理过的图片皆来自与教材配套的电子素材库,关于使用 Photoshop 图像处理的基本操作,如去除水印等无关内容,制作背景透明的图片,淡化图片,图片裁剪,给图片添加渐变蒙版等,详见本章"技能拓展 2")。

　　波浪形曲线制作如下:①切换到"插入"选项卡,单击【形状】按钮,在弹出的下拉列表中选择"线条"中的"曲线",绘制出一条波浪线;②复制粘贴这条波浪线后将其组合;③复制粘贴组合的波浪线后,进行缩放操作,即可得到另外一组波浪线。

3. 全图型

　　全图型很简单,找一张与主题相符的大气的图片,配上文字即可。全图型常见的排版布局如图 2-18 所示。

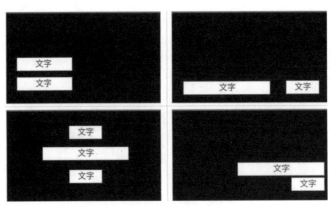

图 2-18 全图型封面的排版布局

图 2-19 所示的全图型封面使用的是第三种排版布局。

彩图效果

图 2-19 全图型封面

　　为了凸显标题文字，第一款在全图和文字之间，添加了一个透明的白色矩形。操作如下：(1)切换到"插入"选项卡，单击【形状】，在弹出的下拉列表中，选择"矩形"组中的"矩形"，绘制一个大小合适的矩形；(2)选中图形，单击鼠标右键，在弹出的快捷菜单中选择"设置形状格式"(如图 2-20 所示)，在打开的"设置形状格式"对话框中设置矩形的填充和线条等，如图 2-21 所示。幻灯片中其他图形元素(如线条、矩形框等)的设置同理可得。

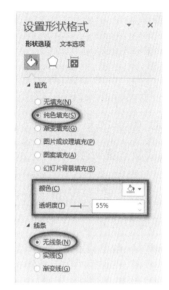

　　　　图 2-20　图形的快捷菜单　　　　　图 2-21　设置形状格式

　　如果读者尚不会使用 Photoshop 淡化图片,也可使用该方法设置图片的透明度。(只需将图 2-21"设置形状格式"中的"填充"设置为"图片或纹理填充",插入图片。)

　　第二款中的全图,事先使用 Photoshop 软件做了处理:添加上下渐变的蒙版。

　　第三款使用了若干脱底图形小元素(文件格式为. png):党旗、党徽、红船与和平鸽等。

任务三　目录页的设计

任务描述

　　目录页展示的是整个演示文稿的逻辑框架,观众可以通过它快速了解整个演示文稿的结构。本任务将以《中国共产党党史》的目录页初稿(如图 2-22 所示)为例,阐述目录页的设计与美化。

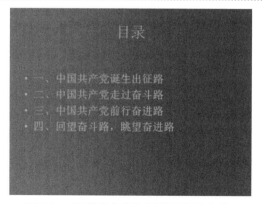

图 2-22　《中国共产党党史》的目录页(初稿)

相关微课

任务实施

这个封面的缺点很明显：字体显示效果不够美观；序号和项目符号重叠使用；缺乏设计感。

目录页的设计形式一般有以下四种：

1. 左右布局型目录

左右布局型，一般是左侧放图片、色块或"目录"二字，右侧放置文字，如图 2-23 所示。

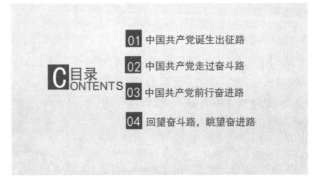

彩图效果

图 2-23　左右布局型目录（矩形色块）

色块的形式可以多样，图 2-24 是多个椭圆组合的色块。

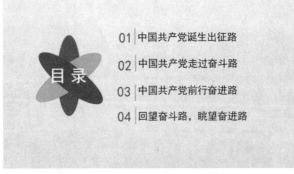

彩图效果

图 2-24　左右布局型目录（椭圆色块组合）

左侧还可以放置图片，如图 2-25 所示。

图 2-25　左右布局型目录(左图片)

为了避免版式过于单一,可以在左侧的图片上加上一个色块(如图 2-26 所示),这样更有层次感。

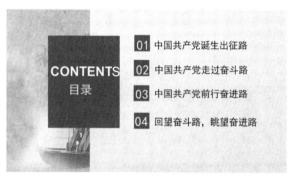

彩图效果

图 2-26 左右布局型目录(左图片＋色块)

2. 上下布局型目录

上下布局型,顾名思义,是指上方放色块或者"目录",下方放文本;也可以在上方或下方放置图片。图片不一定是矩形,还可以是别的形状,如圆弧形、三角形等,效果如图 2-27 所示。

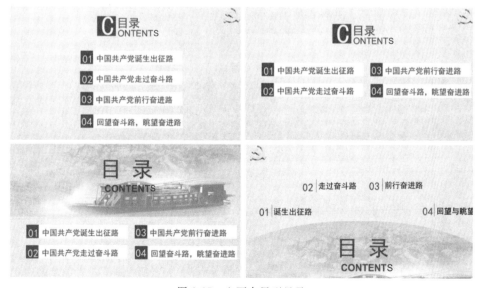

图 2-27　上下布局型目录

如果把下方的圆弧形换成渐变填充,效果也不错,读者可自行尝试。

3.卡片型目录

这种目录布局,是指将图片铺满屏幕,并在图片上添加色块,作为文字的载体,如图2-28所示;也可以是一个色块,将几部分内容放在一起,如图2-29所示;还可以对色块设置透明度,形成一种蒙版的感觉,让页面看起来更有质感,如图2-30所示;将目录的色块和正文的色块设置为不同的大小和颜色,错落摆放,也别有一番风味,如图2-31所示。

彩图效果

图 2-28　卡片型目录(多色块)

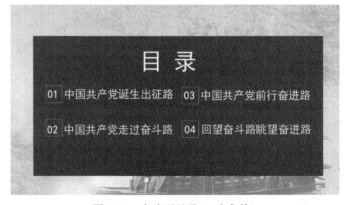

彩图效果

图 2-29　卡片型目录(一个色块)

彩图效果

图 2-30　卡片型目录(透明色块)

彩图效果

图 2-31　卡片型目录（色块错落）

4. 斜切式目录

斜切式是将图片或者色块斜切成几个部分。这种斜切式排列的目录看上去更有动感，更有活力，如图 2-32 所示。

彩图效果

图 2-32　左斜切式目录

该目录页制作如下：①插入背景图片；②在背景图片上，用多边形工具，绘制平行四边形的形状（切换到"插入"选项卡，单击【形状】，选择"线条"组中的"任意多边形"），斜切整个图片；③给形状填充白色。

注意：文字的摆放必须斜切，角度须一致。

也可以换个角度斜切，如图 2-33 所示。

彩图效果

图 2-33　右斜切式目录

这个角度的切斜可使用平行四边形形状工具直接制作。（切换到"插入"选项卡，单击【形状】，选择"基本形状"组中的"平行四边形"。）

目录页的设计还有一个懒人神器，那就是 SmartArt（单击【插入】—【SmartArt】—【列表】），"任务五 内容页的设计"将会详细讲解其用法。

任务四　过渡页的设计

任务描述

　　过渡页起到一个承上启下的作用。它告诉观众当前的演示进度和接下来要演示的内容。过渡页一般包含 3 个基础元素：序号、标题和简介。过渡页跟封面页相比，组成元素略有不同（封面页没有序号），所以封面页的设计方法同样也适用于过渡页。本任务我们将以《中国共产党党史》的过渡页初稿（如图 2-34 所示）为例，进行过渡页的设计与美化。

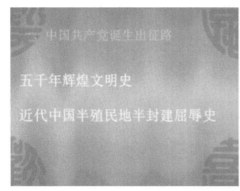

图 2-34　《中国共产党党史》的过渡页（初稿）

相关微课

任务实施

　　这四页过渡页，内容完整，包含了序号、标题和简介。但在设计上存在与封面页和目录页几乎一样的不足：整体风格不一致；图片选用不够清晰；排版布局不合理；字体字号选用不规范。

　　下面以第一页过渡页为例，用线框、色块、图片等三种设计方式进行美化。

1. 线框过渡页

这是最简单的一种过渡页,如图 2-35 所示。它追求的是简洁的效果,但同时又保证了较高的质量。

彩图效果

图 2-35　线框过渡页(单线框)

线条的绘制中注意两点:一是线条的粗细,一般设置成 6～10 磅即可;二是线条的填充色,颜色需与主题相符。(注意:该演示文稿与党建相关,所以选用红色或红色的邻近色。)

设置线条的操作如下:①根据设计需要绘制线条;②选中线条,单击鼠标右键,在弹出的快捷菜单中,选择"设置形状格式",打开"设置形状格式"对话框;③按图 2-36 所示设置线条的颜色和粗细。

线条两端的黑色小圆点,插入一个正圆形形状(Shift 键＋"椭圆"形状工具),并设置其填充色为黑色。

绘制两条线框,通过简单对齐,就可以做出许多炫酷的效果,如图 2-37 所示。图中最后一款的折线,可以用直线组合,也可插入三角形后再旋转。

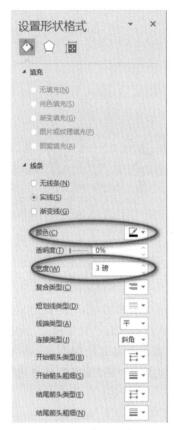

图 2-36　设置线条的颜色和粗细

彩图效果

图 2-37　线框过渡页（双线框）

如果觉得以上过渡页的背景有点冷淡,可将背景设置成热烈的红色,效果如图 2-38 所示。

彩图效果

图 2-38　线框过渡页(红底)

2. 色块过渡页

相比细长的线条,色块也是演示文稿中使用频率很高的元素。利用色块,可以做出层次分明、设计感非常强烈的页面,如图 2-39 所示。

彩图效果

图 2-39　色块过渡页

左上是红底+白色色块;右上是白底+红色色块;左下是白色背景+两个邻近色小色块;右下是在左上的基础上,在黄色大圆上方,叠加了一个直径略小的白色大圆。

当然,还可以有很多创意色块。图 2-40 中所示的色块,是先用五边形工具绘制形状(插入五边形操作如下:切换到"插入"选项卡,单击【形状】,选择"箭头形状"组中的"箭头:五边形"),再旋转并填充红色;然后复制一个同样大小的填充黄色;把黄色五边形色块位置略往下调整。

彩图效果

图 2-40　色块过渡页（创意色块）

3.图片过渡页

图片是演示文稿的灵魂,图片的合理搭配会让演示文稿瞬间升华。

设计图片过渡页时,要注意选择符合主题的图片(这里选用的是红船图片),效果如图2-41 所示。

彩图效果

图 2-41　图片过渡页

左上是使用 Photoshop 软件给图片添加了上下渐变的蒙版,让图片看起来不是太突兀;右上是在图片上添加了叠加的正圆色块;下方两款则是对插入的图片使用椭圆工具进行了裁剪。

当然,同样也可以使用 SmartArt 的各种布局结构。

任务五　内容页的设计

相关微课

任务描述

　　内容页中显示的是一个演示文稿要表达的主要内容。内容表达得清晰与否,取决于演示文稿的设计思路。本任务将选取《中国共产党党史》常见的几种内容页(如图2-41所示),进行内容页的设计与美化。

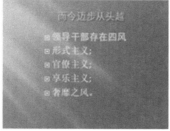

图 2-42　《中国共产党党史》的内容页(初稿)

任务实施

内容页中必不可少的是大段文字和若干图片的使用。

　　为了增强正文文字的可读性,通常将常规的单倍行距设置成 1.3 - 1.5 倍的多倍行距,将文字的字距由"常规"改成"稀松"。

　　图片的选用,请注意以下几点:

　　(1)清晰度一定要高;

（2）图片的水印最好去掉（可使用 Photoshop 软件中的仿制图章工具等）；

（3）若没有现成的脱底的图片可用，可用 Photoshop 软件进行抠图，并将文件保存成.png格式；

（4）插入幻灯片的图片，不要随意变形，一定要放大或缩小图片的话，请保持图片的长宽比，也就是等比例放大或缩小。

1. 人物介绍的排版

（1）左右布局

简单大气的黑色背景（如图 2-43 所示）给人以酷炫感。

彩图效果

图 2-43　左右布局

（2）添加辅助线框

添加辅助线框的操作如下：【插入】—【形状】—【标注】—【对话气泡：矩形】，软件自带形状的顶点编辑功能，可编辑各种形状。

并在幻灯片的边角放置不规则的形状，填充相搭的颜色作为点缀，平衡画面，效果如图 2-44 所示。

彩图效果

图 2-44　添加辅助线框

（3）添加色块

添加色块的操作如下：单击【插入】—【形状】，在弹出的下拉列表中选择合适的形状，根据设计需要设置形状填充、形状轮廓的颜色。效果如图 2-45 所示。

彩图效果

图 2-45　添加色块

（4）内置的图片样式

图 2-46 使用的是软件内置的图样样式。操作如下：单击选中图片，在增加的"图片工具"中单击【格式】—【图片样式】，在弹出的"图片样式"中选择"金属椭圆"，就有了给头像添加镜框的感觉。下方的介绍文字，可以根据排版需要进行增、删。

彩图效果

图 2-46　使用内置的图片样式

2. 内容页的图文混排

在幻灯片中添加图片，目的在于图文并茂地展示内容。图 2-42 中的"中国共产党第一次全国代表大会"幻灯片，没有起到正向作用。乌糟糟的图片，随心所欲的颜色和字体，很大程度上削弱了演示效果。

版面设计时，请注意以下几点：

· 根据母版风格设计版面；

· 边距保留 1cm；

· 提炼主题，缩短主题文字长度；

· 总结要点，精炼内容文字；

· 每行文字尽量 20 字内，符合视觉心理学；

· 折行时注意合理断词断句便于理解，忌单字折行；

· 字体、字号确保明确易读。

(1)线条辅助

采用普通的线条对画面进行划分，并结合传统的上中下布局。图 2-47 中精炼的文字，贴切、清晰的图片，合适的字体、字号、行距和间距，使内容页的排版布局神清气爽。

图 2-47　线条辅助

(2)表格布局

使用表格来布局是网页设计中很常用的方法，演示文稿内容的布局，同样也可以借助表格来实现，效果如图 2-48 所示。

图 2-48　表格布局

插入表格的操作如下：①单击【插入】—【表格】，插入一个 2×3 的表格；②选中表格，单击增加的"表格工具"下方的"设计"选项卡，再单击【表格样式】的下拉按钮，在弹出的下拉列表中，根据设计需要选择合适的表格样式；③根据整体的布局，调整单元格的大小。

相关微课

（3）SmartArt

使用 SmartArt 图形，只需单击几下鼠标，即可创建出具有设计师水准的排版，效果如图 2-49 所示。

图 2-49　SmartArt 布局图文

插入 SmartArt 图形的操作如下：①单击【插入】—【SmartArt】，在弹出的"选择 SmartArt 图形"对话框中，选择需要的样式（这里选择的是"列表"下的"图片题注列表"，如图 2-50 所示）；②在该列表中插入对应的图片和文字；③选中 SmartArt 图形，单击显示的"SmartArt 工具"下方的"设计"选项卡，根据设计需要更改其颜色和样式等。

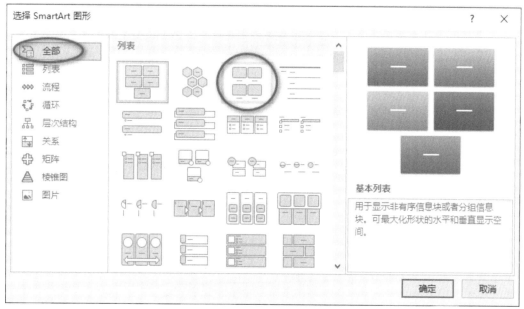

图 2-50　"选择 SmartArt 图形"对话框

在形状个数和文字量仅限于表示要点时，SmartArt 图形最有效。"反四风"的幻灯片效果如图 2-51 所示（这里插入的 SmartArt 图形是"矩阵"中的"带标题的矩阵"）。如果找不到所需的准确布局,可以在 SmartArt 图形中添加或删除形状以调整布局结构。

图 2-51　SmartArt 布局要点

　　在大段的文字排版中,利用 SmartArt 配上辅助线,可以提升排版的设计感,如图 2-52 所示。这里插入的 SmartArt 图形是"循环"中的"射线循环",右边的中间选用了一张应景的图片覆盖在上面。

图 2-52　SmartArt 布局＋辅助线

3.图和表的使用

(1)图的使用

幻灯片的设计中,我们常说"文不如字,字不如图",就是所谓的"有图有真相"。

"反四风"的幻灯片,可以用漫话图片来"说话",如图 2-53 所示。

图 2-53　用图片说话(反四风)

相关微课

(2)图表的使用

● 案例一：关于"改革开放的成就"

这里选用了几组典型数据，用柱形图和折线图来反映。图 2-54 是普通的柱状图，采用的"白底黑字一点红"的简洁商务风。

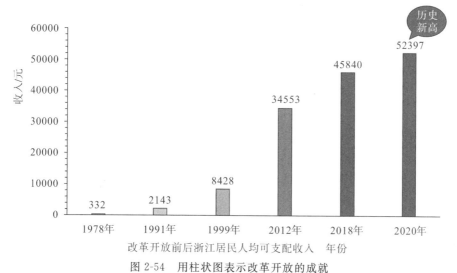

图 2-54　用柱状图表示改革开放的成就

首先需从网上收集改革开放前后浙江居民人均可支配的收入，如表 2-1 所示。

表 2-1　改革开放前后浙江居民人均可支配收入

年份	收入/元
1978 年	332
1991 年	2143
1999 年	8428
2012 年	34553
2018 年	45840
2020 年	52397

接下来插入图表，操作如下：

①在演示文稿中新建一张幻灯片，设置其"版式"为"标题和内容"，如图 2-55 所示。并在插入的幻灯片中单击【插入图表】按钮。

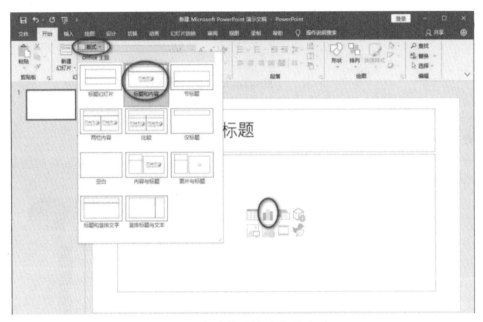

图 2-55 新建"标题与内容"幻灯片

②在弹出的"所有图表"对话框,选择合适的图表类型(这里选择的是"柱形图"—"簇状柱形图",如图 2-56 所示)。单击【确定】按钮。

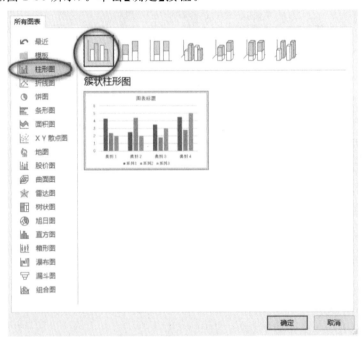

图 2-56 选择图表类型

③此时进入【Microsoft Powerpoint 图表】状态(如图 2-57 示)。输入表 2-1 所示的数据,删除不需要的系列,即可得到我们需要的柱形图,如图 2-58 所示。(注意:如果图表的内容较多,可在电子表格中编辑好后,复制粘贴过来。)

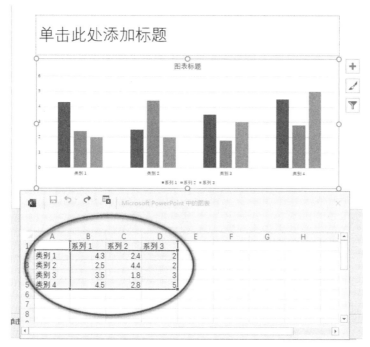

图 2-57　【Microsoft Powerpoint 图表】状态

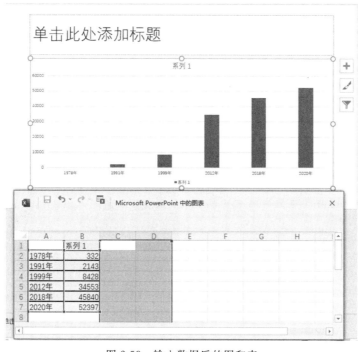

图 2-58　输入数据后的图和表

④关闭电子表格。

⑤选中图表，单击鼠标右键，通过弹出的快捷菜单或窗口右侧的"设置数据系列格式"对话框（如图 2-59 所示），设置图表的细节。

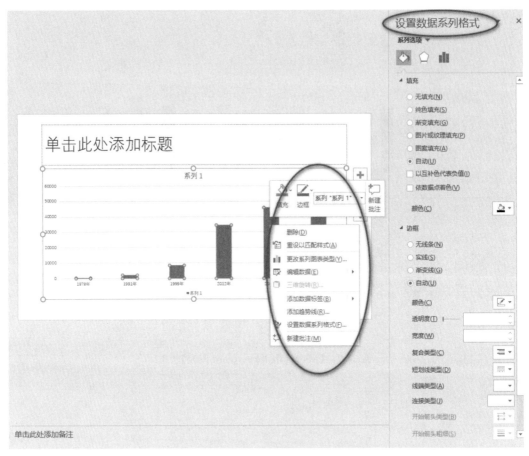

图 2-59　图表编辑工具

当然还可以选择别的图表类型,如"条形图"的"簇状条形图"和"折线图"(如图 2-60
所示),这样的图表更具个性化。

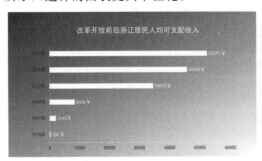 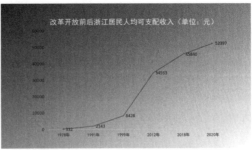

图 2-60　簇状条形图和折线图

相关微课

● 案例二：某高校思政部教师队伍

饼图是通过一个圆来表示数值的大小，圆内各扇形的角度来表示各类别的数值大小。它能直观地显示各个组成部分所占的比例，如图 2-61 所示。

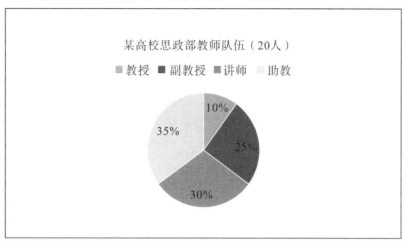

图 2-61　用饼图表示

也可制作一个更具特色的饼图，效果如图 2-62 所示。

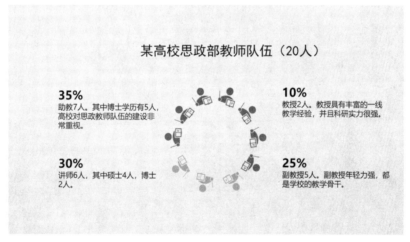

图 2-62　个性化饼图

图中的个性化头像软件自带。插入头像的操作如下：①单击【插入】—【图标】—【职业】，在"职业"中选择与人物身份相符的图标即可；②单击插入的图标，再单击图标的旋转控点旋转图标；③设置图标的颜色，设置方法与普通形状的设置相同。

注意：为了保证插入的头像大小一致，请使用复制和粘贴功能，得到其余相同的头像；为了能将头像整齐地排成一个正圆，可先在幻灯片上绘制一个正圆作为对齐的参考，然后删除该正圆。

任务六　封底的设计

任务描述

> 演示文稿的封底/尾页/结尾页,是演示文稿不可或缺的组成部分。看似简单的尾页,一旦设计不好,则会显得十分单调,如图 2-63 所示。本任务将以《中国共产党党史》的封底为例,进行封底的设计与美化。

图 2-63　《中国共产党党史》的封底(初稿)

相关微课

任务实施

封底到底写什么呢?"谢谢观看,The End,Thank you"有些俗套。常用的封底设计有以下几种:

1. 礼貌结束

演示文稿的结尾,大部分情况都是使用"谢谢"之类,它的主要功能是表达礼仪,礼貌地结束幻灯片的讲解。

如果读者觉得这种结束千篇一律,没有新意,那么可以在设计上做创新,比如,添加一些创意的图片或修饰,营造出一种熟悉的陌生感,如图 2-64 所示。其中,最后一款的右上角插入的是软件自带的图标("食品和饮料"组中的咖啡图标)。

封底和封面的风格建议一致。

图 2-64 礼貌结束的封底

2. 提问和答疑

大部分情况下,幻灯片讲完,并不意味着演讲结束了。看演示者的需要,可能会有现场答疑的环节,这时就需要设置答疑的结尾页了(如图 2-65 所示)。

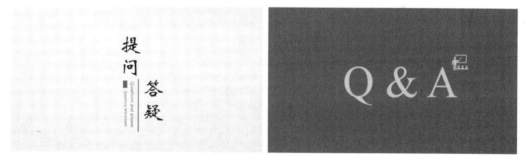

图 2-65 提问和答疑的封底

3. 传递信息

很多演示者在演示结束的时候,通常会留下一个联系方式,引导别人去关注,如图 2-66所示(卡通人物是演示者头像的替代)。

图 2-66　传递信息的封底

4. 强化主题

演示通常是围绕一个主题进行的。这种情况下,需要做到首尾呼应,反复强调主题,如图 2-67 所示。

图 2-67　强化主题的封底

任务七　技能拓展

技能拓展 1:动画制作

相关微课

动画天生就比静态的图文具有更强的吸引力,更容易引起观众的兴趣。所以动画制作能提升幻灯片的演示效果。

本任务以二级等级考试《办公软件高级应用技术》典型试题为例,重点讲解动画的制作。

任务描述 1：

1.幻灯片的设计模板设置为"平面"。

2.给幻灯片插入日期（自动更新，格式为 X 年 X 月 X 日）。

3.设置幻灯片的动画效果，要求：

针对第二页幻灯片，按顺序设置以下的自定义动画效果：

将"价值观的作用"的进入效果设置成"自顶部 飞入"；

将"价值观的形成"的强调效果设置成"脉冲"；

将"价值观的体系"的退出效果设置成"淡化"。

在页面中添加"后退"（后退或前一项）与"前进"（前进或下一项）的动作按钮。

4.按下面要求设置幻灯片的切换效果：

设置所有幻灯片的切换效果为"自左侧推进"

实现每隔 3 秒自动切换，也可以单击鼠标进行手动切换。

5.在幻灯片最后一页后，新增加一页，设计出如下效果，文字从底部，垂直向上显示，默认设置。效果分别图(1)－(4)。注意：字体、大小等自定。

图(1)字幕在底端，尚未显示出

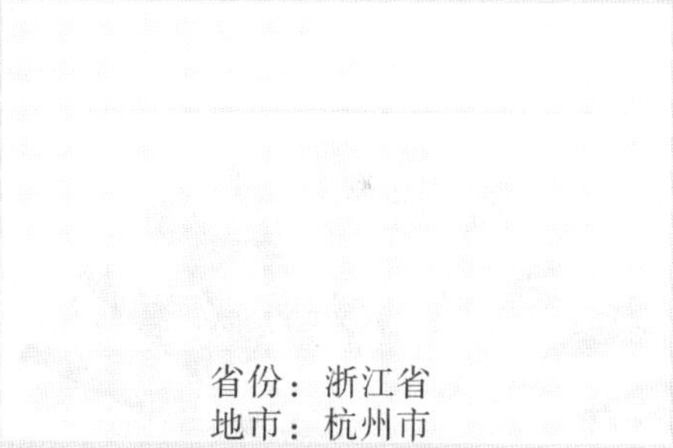

省份：浙江省
地市：杭州市

图(2)字幕开始垂直向上

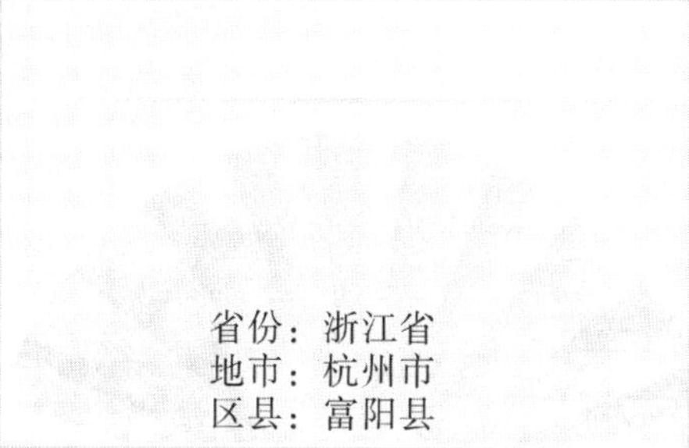

省份：浙江省
地市：杭州市
区县：富阳县

图(3)字幕继续垂直向上

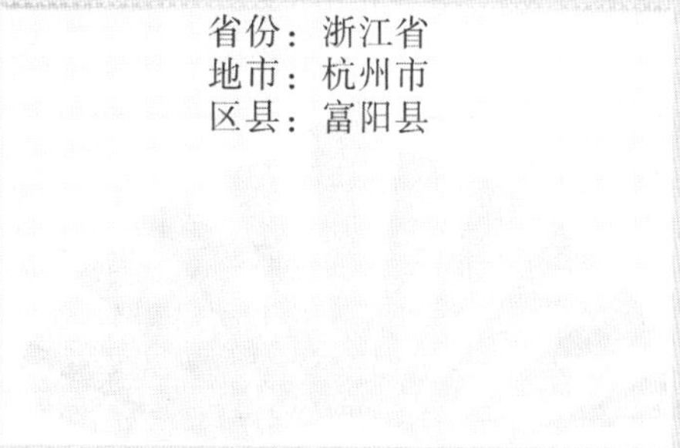

省份：浙江省
地市：杭州市
区县：富阳县

图(4)字幕垂直向上，最后消失

任务实施

1. 设置幻灯片的设计模板

双击打开演示文稿初稿,切换到【设计】选项卡,单击"主题"选项组中右侧的【其它】按钮,在打开的下拉列表中选择"平面"主题,如图 2-68 所示。

图 2-68　选择设计模板

2. 给幻灯片插入日期

单击【插入】—【页眉和页脚】,打开"页眉和页脚"对话框:选择"日期和时间—自动更新"选项;在"日期和时间格式"下拉菜单中选择"XX 年 XX 月 XX 日"格式,如图 2-68 所示。单击【全部应用】按钮。

图 2-68　插入日期

3. 设置幻灯片的动画效果

步骤 1:将光标定位在第 2 张幻灯片,单击选中文本"价值观的作用"。单击【动画】—【飞入】;再单击右侧的【效果选项】—【自顶部】,如图 2-70 所示。

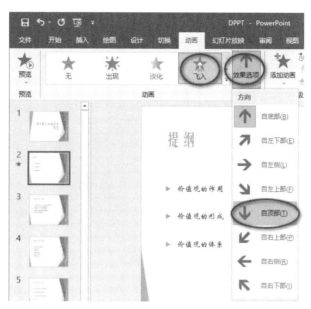

图 2-70 设置"自顶部飞入"的进入效果

步骤 2：单击选中第 2 张幻灯片中的文本"价值观的形成"，单击【动画】—【脉冲】，如图 2-71 所示。

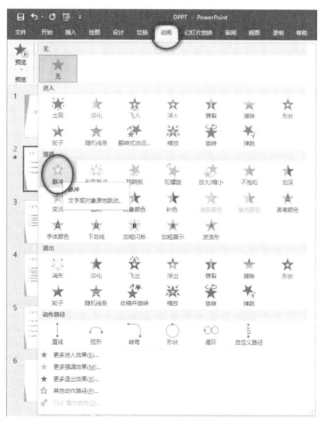

图 2-71 设置"脉冲"强调效果

步骤 3：单击选中第 2 张幻灯片中的文本"价值观的体系"，单击【动画】—【淡化】，如图 2-72 所示。

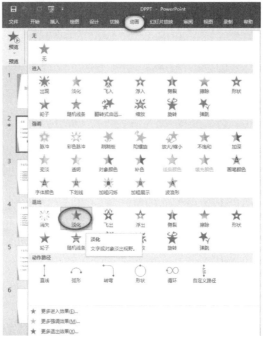

图 2-72　设置"淡化"退出效果

步骤 4：单击【插入】—【形状】—【动作按钮：后退或前一项】按钮，如图 2-73 所示。按住鼠标左键在幻灯片中拖动插入按钮，此时同时弹出了"操作设置"对话框，设置链接到"上一张幻灯片"，如图 2-74 所示。另一个按钮的操作同理。

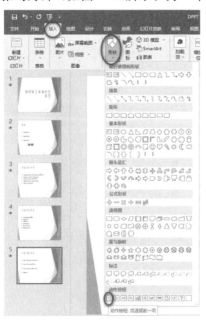

图 2-73　插入"动作按钮"

图 2-74　设置动作按钮

4. 设置幻灯片的切换效果

单击【切换】—【推入】，再单击【效果选项】—【自左侧】；勾选"单击鼠标时"和"设置自动换片时间"复选框，时间设为"3"秒，如图 2-75 所示。最后单击"计时"选项组中的【应用到全部】按钮。

图 2-75　设置切换效果

5. 设置新增一页的显示效果

步骤 1：将光标定位在最后一张幻灯片，单击【开始】—【新建幻灯片】—【空白】（如图 2-76 所示），插入一张新的空白幻灯片。

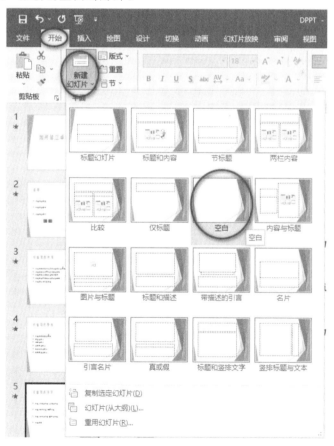

图 2-76　插入空白幻灯片

步骤 2：单击【插入】—【文本框】—【绘制横排文本框】（如图 2-77 所示），按任务中图（3）所示输入文本（字体、大小自行设定）。

图 2-77　插入文本框

步骤 3：选中文本框，单击【动画】—【动作路径】—【直线】，再单击【效果选项】—【上】，如图 2-78 所示。

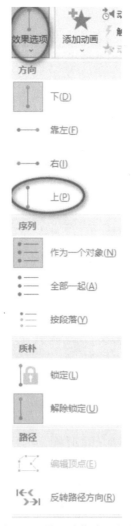

图 2-78　设置动作路径方向

步骤 4：将文本框的动画起点移至幻灯片显示区域的下方，动画终点移至幻灯片显示区域的上方。（为方便操作，可使用窗口底部状态栏中的缩放控件减小文档的显示比例。）

步骤 5:为了不影响本页的动画播放效果,需单击"切换"选项卡"计时"选项组中的换片方式,取消复选框"设置自动换片时间"。

任务描述 2:

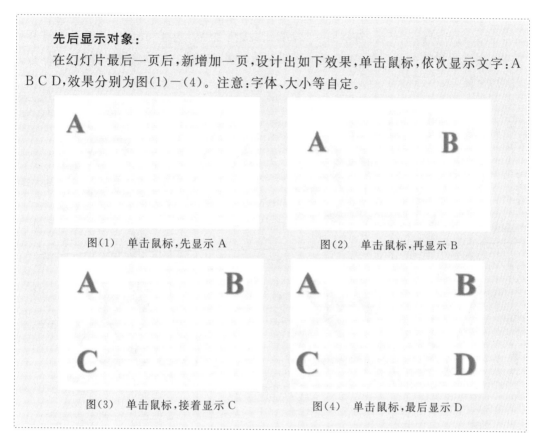

先后显示对象:

在幻灯片最后一页后,新增加一页,设计出如下效果,单击鼠标,依次显示文字:A B C D,效果分别为图(1)—(4)。注意:字体、大小等自定。

图(1)　单击鼠标,先显示 A

图(2)　单击鼠标,再显示 B

图(3)　单击鼠标,接着显示 C

图(4)　单击鼠标,最后显示 D

任务实施:

步骤 1:插入一张新的空白幻灯片。

步骤 2:插入一个横排文本框并输入文本"A"。(重复该步骤,插入另外 3 个文本框并输入文本,文本字体、大小自行设定)。

步骤 3:选中"A"所在的文本框,单击【动画】—【出现】,在"计时"选项组中,设置"开始"为"单击时",如图 2-79 所示。

图 2-79　设置文本"出现"动画

步骤 4:重复步骤 3,完成其余 3 个文本的动画设置。

步骤 5:为了不影响本页的动画播放效果,需单击"切换"选项卡"计时"选项组中的换片方式,取消复选框"设置自动换片时间"。

任务描述3:

"选择题"类的动画:

在幻灯片最后一页后,新增加一页,设计出如下效果,选择"我国的首都",若选择正确,则在选项旁边显示文字"正确",否则显示文字"错误"。效果分别为图(1)—(5)。注意:字体、大小等自定。

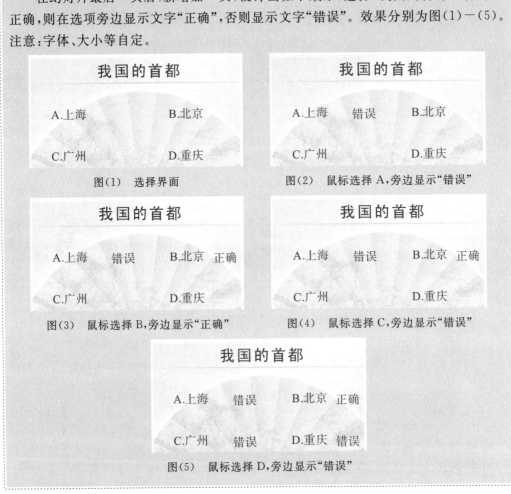

图(1) 选择界面

图(2) 鼠标选择A,旁边显示"错误"

图(3) 鼠标选择B,旁边显示"正确"

图(4) 鼠标选择C,旁边显示"错误"

图(5) 鼠标选择D,旁边显示"错误"

任务实施:

步骤1:将光标定位在最后一张幻灯片,单击【开始】—【新建幻灯片】—【仅标题】,插入一张新的只含标题的幻灯片。在标题区输入文本"我国的首都"。

步骤2:单击【插入】—【文本框】—【横排文本框】,输入文本"A.上海",再插入一个文本框,输入文本"错误"。

步骤3:选择刚才输入的"错误"文本框,单击【动画】—【出现】,再单击【触发】—【通过单击】—【文本框2】,如图2-80所示。(这里文本框2对应的是"A.上海",文本框3对应的是"错误"。当选项较多时,建议一组一组做,这样不容易搞错它们的对应关系)

步骤 4：为了不影响本页的动画播放效果，需单击"切换"选项卡"计时"选项组中的换片方式，取消复选框"设置自动换片时间"。

图 2-80　设置触发方式

任务描述 4：

"矩形放大"动画：

　　在幻灯片最后一页后，新增加一页，设计出如下效果，单击鼠标，矩形不断放大，放大到尺寸 3 倍，重复显示 3 次，其他设置默认。效果分别如图（1）—（3）所示。注意：矩形的初始大小自定。

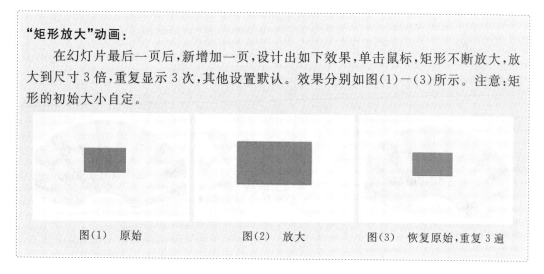

图（1）　原始　　　　　　图（2）　放大　　　　　图（3）　恢复原始，重复 3 遍

任务实施：

步骤 1：插入一张新的空白幻灯片。

步骤 2：单击【插入】—【形状】—【矩形】，绘制矩形。

步骤 3：单击【动画】—【放大/缩小】。

步骤 4：单击"动画"选项组的【动画窗格】按钮，打开"动画窗格"对话框；在"动画窗格"的矩形上单击鼠标右键，在弹出的快捷菜单中选择"效果选项"（如图 2-81 所示），打开"放大/缩小"对话框，单击"效果"选项卡，设置其尺寸为"300%"，如图 2-82 所示。

图 2-81　设置动画的
快捷菜单

图 2-82　设置矩形的放大倍数

步骤 5：单击"计时"选项卡，设置动画的重复次数为"3"，如图 2-83 所示。

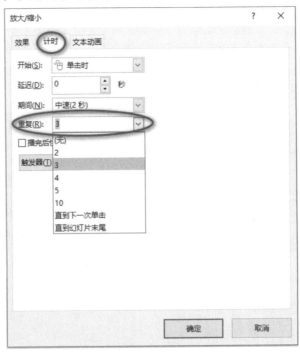

图 2-83　设置动画重复的次数

　　步骤 6：为了不影响本页的动画播放效果，需单击"切换"选项卡"计时"选项组中的换片方式，取消复选框"设置自动换片时间"。

任务描述 5：

"箭头同步扩散并放大"动画：

　　在幻灯片最后一页后，新增加一页，设计出如下效果，圆形四周的箭头向各自方向同步扩散，放大尺寸为 1.5 倍，重复 3 次。效果分别图（1）—（2）。注意，圆形无变化。注意：圆形、箭头的初始大小自定。

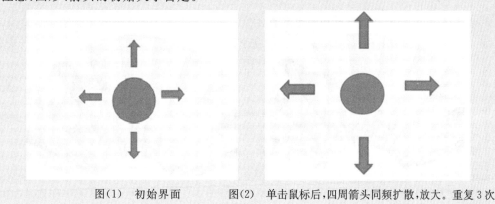

图（1）　初始界面　　图（2）　单击鼠标后，四周箭头同频扩散，放大。重复 3 次

任务实施：

步骤 1： 插入一张新的空白幻灯片。

步骤 2： 单击【插入】—【形状】—【椭圆】，按住 Shift 键，绘制一个正圆；再单击【插入】—【形状】—【箭头】，绘制箭头。注意：(1)请勾选"视图"选项卡下的"网格线"复选框，方便图形的对齐操作；(2)使用 Ctrl 键＋方向键，可实现图形位置的微调；(3)为了保证 4 个箭头的大小一致，建议使用"复制"＋"旋转"的方法，得到另外三个箭头。

步骤 3： 按 Shift 键的同时单击选中四个"箭头"形状，仿照"任务描述 4"中的步骤 4，设置放大尺寸为 150％，重复 3 次的动画。

步骤 4： 选中"向上箭头"图形，单击【添加动画】—【动作路径】—【直线】，再单击【效果选项】——【上】，给"上箭头"添加向上的动作路径。

图 2-84　设置两组动画同时进行

步骤 5： 单击鼠标右键，选择"计时"（如图 2-83 所示）设置该动画重复 3 次；再次打开快捷菜单，选择"从上一项开始"（如图 2-84 所示），设置两组动画同时进行。

步骤 6： 重复步骤 4 和步骤 5，分别添加其余 3 个箭头的"直线"动画（向左箭头效果"靠左"，向下箭头效果"下"，向右箭头效果"右"），并设置其重复次数和同步开始。

步骤 7： 为了不影响本页的动画播放效果，需单击"切换"选项卡"计时"选项组中的换片方式，取消复选框"设置自动换片时间"。

技能拓展 2：图像处理

相关微课

会一点 Photoshop 图像处理技能，对演示文稿的设计有很大的帮助，能起到锦上添花的作用。很多时候从网上获得的图片，并不能完全满足设计的需要，因此需要利用专业的图像处理软件对图片预先做一些处理。本项目中相关的图像处理基本操作技能讲解如下：

任务描述 1：去除水印等无关内容

步骤 1：启动 Photoshop，打开需要处理的图片。

步骤 2：在左侧工具栏中选择"仿制图章工具"，如图 2-85 所示。

步骤 3：设置仿制图章工具的大小（根据替换的区域设置大小）和硬度（硬度一般设为 20—50，使边缘的清晰度中等即可），如图 2-86 所示。

步骤 4：按住 Alt 键的同时，在水印附近区域，单击鼠标左键选取颜色。

步骤 5：松开 Alt 键和鼠标左键，再次按住鼠标左键在水印上涂抹，直至水印消失。

步骤 6：保存文件。前后对比如图 2-87 所示。

2-85　仿制图章工具

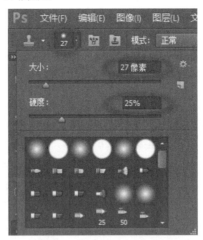

图 2-86　设置仿制图章参数

图 2-87　去除左下角水印前后对比图

任务描述 2：制作脱底图（透明背景的图片）

步骤 1：启动 Photoshop，打开需要处理的图片。

步骤 2：在左侧工具栏中选择合适的选择工具（分析图片特征，这里选用了"磁性套索工具"）；并设置选区羽化值，如图 2-88 所示。（选区的羽化可让选区的边缘变得柔和，使选区内的图像和外面的图像自然过渡，达到较好的融合效果。）

步骤 3：鼠标点击要抠图的第一个端点。

沿着头像的边缘滑动，让磁性套索工具跟着鼠标吸附在物体边缘，遇到圆角转角及窄的地方，可以高密度地点击建立锚点，让磁性套索工具吸附得更好。

鼠标不小心点错地方，可以按 Del 删除错误的那段。

当吸附到与第一个端点相连时，出现蚂蚁线全部选中。

（注意：当一次选择不成功时，可单击选择"选区工具"进行选区的添加、减去等操作。）

步骤 3：按住 Ctrl＋J，新建一透明背景的图层"图层 1"，如图 2-89 所示。

步骤 4：单击图层面板中的"背景"图层，在弹出的快捷菜单中选择"删除图层"删除该背景图层。

步骤 5：将文件保存为.png 格式。前后对比如图 2-90 所示。

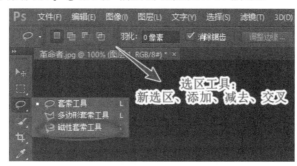

图 2-88　选择选区工具

图 2-89　新建透明背景图层

图 2-90　去除背景前后对比图

任务描述 3：淡化图片（更改图片透明度）

步骤 1：启动 Photoshop，打开需要处理的图片。

步骤 2：双击图层面板中的"背景"图层，打开"新建图层"对话框，如图 2-91 所示。

步骤 3：单击【确定】按钮，在图层面板上新建了"图层 0"，解除锁定，如图 2-92 所示。鼠标左键拖动"调整透明度"滑块即可设置透明度。

步骤 4：保存文件。前后对比如图 2-93 所示。

图 2-91　新建图层

图 2-92　设置图层透明度

图 2-93　红船图片降低透明度前后对比图

任务描述 4：图片裁剪

步骤 1：启动 Photoshop，打开需要处理的图片。

步骤 2：根据需要裁剪的效果，在左侧工具栏中选择合适的选择（这里选择的是椭圆选框，如图 2-94 所示）。本项目中还用到了矩形选框来裁剪图片。其实，一般的读图软件都自带简单的裁剪功能。

步骤 3：按住鼠标左键在图片的合适位置画出椭圆形选区。（注意：可单击【选择】—【修改】—【扩展】或【收缩】调整选区的大小。）

步骤 4：按住 Ctrl＋J，新建一透明背景的图层"图层 1"。

步骤 5：单击图层面板中的"背景"图层，在弹出的快捷菜单中选择"删除图层"删除该背景图层。

步骤 6：将文件保存为.png 格式。前后对比如图 2-95 所示。

图 2-94　椭圆选框工具

图 2-95　红船图片裁剪前后对比图

任务描述 5：添加渐变蒙版

步骤 1：启动 Photoshop，打开需要处理的图片。

步骤 2：单击图层面板下方的【添加图层蒙版】按钮，给图层添加一个蒙版，如图 2-96 所示。

步骤 3：在左侧工具栏的选择"渐变工具"，并在上方的编辑栏中选择黑白渐变，如图 2-97 所示。

步骤4：在图层上下拉动形成一个上黑下白的渐变，如图 2-98 所示，从而制作出一种特效画面。（蒙版上的黑色遮住了图像对应的黑色部分，白色则显示了对应的图像部分。）

步骤5：保存图片。前后对比如图 2-99 所示。

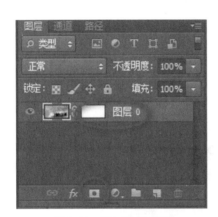

图 2-96　添加图层蒙版　　　　　　　　图 2-97　设置黑白渐变

图 2-98　添加渐变蒙版

图 2-99　添加减半蒙版前后对比图

课后实战

自行选择一款新型产品,制作"某新产品"介绍的幻灯片演示文稿,并图文并茂地展示新产品特性及各项功能等(主题不限于此,最好是对自己原有作品的重新设计与美化),要求:(1)设置与主题相符的背景和母版,修改幻灯片版式和主题样式;(2)根据自己的设计想法,为静态的幻灯片添加动画效果、幻灯片的切换效果,超级链接和动作按钮等。

按要求命名保存(命名格式:"学校－班级－班级序号－姓名",如"湖职院－软件2101－1－姜玲燕"),提交该文档。

附作业评分标准:

序号	观测点	分值
1	对自己原有作品的重新设计与美化	10
2	内容结构设计: (1)主体突出,内容完整(10) (2)结构合理,逻辑顺畅(10)	20
3	界面排版设计: 作品的原创程度(20) 表意新颖,构思巧妙(10) 配色、素材与主题相符(10) 整体界面布局合理,层次分明,视觉效果好,表现力和感染力强。字体设计恰当,文字清新,风格引人入胜(20) 幻灯片切换效果好(5) 其他细节的处理(5)	70
合计		100

项目 3　表格信息处理

思维导图

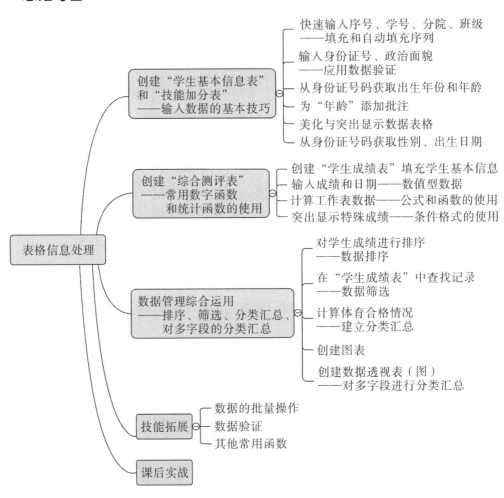

本项目素材下载

项目情境

对学生在校情况进行日常管理时,学校相关部门,需要采集每个同学的各项数据,建立学生基本信息表和综合测评表,要求:(1)快速、准确地输入数据,排版合理美观;(2)利用常用数学公式和统计函数对表中数据进行处理;(3)对表格进行数据综合管理,以方便地实现对学生成绩的排序、筛选、分类汇总、制作图表等。

任务一　创建"学生基本信息表"和"技能加分表"

——输入数据的基本技巧

任务描述

使用各种常用数据类型输入的方法及其格式设置输入数据,利用自动填充功能进行数据的快速输入,利用数据验证制定数据输入范围,利用数学函数从已有数据中获取数据,添加批注,美化与突出显示数据表格。

任务实施

Excel 是办公软件 Office 的组件之一,它不仅可以制作各种类型的表格,而且还可以对表格数据进行分析统计,根据表格数据制作图表等。在企业生产中,对于产品数量的统计分析,在人事岗位上,对职员的工资结构的管理与分析,在教师岗位上,对于学生成绩的统计与分析,都会接触到数据的管理与分析,这时数据的输入,公式的计算,数据的管理与分析知识就能帮上大忙了,让你用尽量少的时间去管理庞大而又复杂的数据。

数据怎么录入? 可以在工作表中直接输入数据,也可以通过复制粘贴的方式输入,数据存放在单元格中。对于不同的数据类型有不同的规定输入格式,应严格按照格式进行输入,特别是对于如何快速输入数据的小技巧需要掌握。

数据格式如何编辑? 选中要设置格式的数据所在的单元格,使用"设置单元格格式"对话框中的"数字"/"对齐"等选项卡,完成相关设置。

本任务要创建的"学生基本信息表"效果如图 3-1 所示。

序号	分院	班级	学号	姓名	性别	出生年份	政治面貌	身份证号码	年龄	备注
						学生基本信息表				
1	计算机科学学院	软件技术2101	0210101	姜玲燕	女	2002	团员	111111200204037428	19	2002年04月
2	计算机科学学院	软件技术2101	0210102	周兆平	男	2002	群众	111111200208140253	19	2002年08月
3	计算机科学学院	软件技术2101	0210103	赵永敏	女	2002	团员	111111200212250029	19	2002年12月
4	计算机科学学院	软件技术2101	0210104	黄永良	男	2002	团员	111111200210199013	19	2002年10月
5	计算机科学学院	软件技术2101	0210105	梁泉涌	男	2002	团员	111111200203061531	19	2002年03月
6	计算机科学学院	软件技术2101	0210106	任广明	男	2000	预备党员	111111200008141819	21	2000年08月
7	计算机科学学院	软件技术2101	0210107	郝海平	男	2000	团员	111111200009081054	21	2000年09月
8	计算机科学学院	软件技术2101	0210108	张三	女	2003	团员	111111200301260029	18	2003年01月
9	计算机科学学院	软件技术2101	0210109	李四	男	2002	群众	111111200206017573	19	2002年06月
10	计算机科学学院	软件技术2101	0210110	王五	男	2001	群众	111111200105074310	20	2001年05月
11	计算机科学学院	软件技术2101	0210111	赵六	女	2001	团员	111111200109011642	20	2001年09月
12	计算机科学学院	软件技术2101	0210112	陈小七	女	2002	预备党员	1111112002082959 2X	19	2002年08月
13	计算机科学学院	软件技术2101	0210113	钱伟	男	2001	群众	111111200108015073	20	2001年08月
14	计算机科学学院	软件技术2101	0210114	王立伟	女	2001	团员	111111200111271564	20	2001年11月
15	计算机科学学院	软件技术2101	0210115	姜曼曼	女	2002	团员	111111200209221345	19	2002年09月
16	计算机科学学院	软件技术2101	0210116	张陈	男	2002	群众	1111112002052535 1X	19	2002年05月
17	计算机科学学院	软件技术2101	0210117	俞晓华	女	2002	团员	1111112002041908 6X	19	2002年04月
18	计算机科学学院	软件技术2101	0210118	唐明敏	女	2001	群众	111111200105315527	20	2001年05月
19	计算机科学学院	软件技术2101	0210119	周春华	女	2003	群众	111111200305315528	18	2003年05月
20	计算机科学学院	软件技术2101	0210120	张海南	男	2001	群众	111111200105315539	20	2001年05月

图 3-1 "学生基本信息表"

一、创建"学生基本信息表",输入工作表列标题及"姓名"列数据

相关微课

创建工作表的第一步是确定工作表由哪些列组成,输入列标题,操作步骤如下:

步骤 1: 启动 Excel 应用程序,新建一个工作簿,将其命名为"学生综合信息管理表"。

步骤 2: 右键单击 Sheet1 标签,将其重命名为"学生基本信息表"。

步骤 3: 在 A1:K1 中依次输入"序号"、"分院"、"班级"、"学号"、"姓名"、"性别"、"出生年份"、"政治面貌"、"身份证号码"、"年龄"、和"备注"等文本数据,作为列标题。

接下来先输入表格中的"姓名"列数据,它没有规律,必须手动逐一输入("身份证号码"列也是如此),其余列可通过快速方法输入。

二、快速输入序号、学号、分院、班级——填充和自动填充序列

相关微课

在输入数据的过程中,利用 Excel 的填充功能可以快速输入大量相同的数据;利用序列自动填充功能可快速输入,如星期一、星期二、星期三等或者一月、二月、三月等数据,而不必依次输入序列中的每一项。

1. 输入分院、班级数据

步骤 1:在"分院"列的 B2 单元格中输入"计算机科学学院",拖动鼠标选中单元格区域 B2:B21。

步骤 2:切换到功能区的"开始"选项卡,单击"编辑"选项组中【填充】按钮,在弹出的下拉菜单中选择"向下"命令即可,如图 3-2 所示。

步骤 3:使用相同的方法输入班级。

图 3-2 【填充】按钮的"向下"命令

2. 输入序号数据

在"序号"列的 A2 中输入"1",再在 A3 中输入"2",选择 A1:A2 区域,将鼠标指针移至该区域的右下角上,使之变为"+"字形(填充柄)后,向下拖动填充柄至 A21 单元格(或者鼠标双击填充柄)。

提示:

①也可直接在 A2 中输入"1",将鼠标指针移至该区域的填充柄上,待其变为"+"字形后,按下 Ctrl 键,向下拖动填充柄;

②在输入了函数和公式时,将鼠标指针移至该区域的填充柄上,待其变为"+"字形后,还可双击该填充柄实现公式、函数等的快速填充。

---

3. 输入学号数据

步骤 1:选定"学号"列的单元格区域 D2:D21,在该区域上单击鼠标右键,在弹出的快捷菜单中选择"设置单元格格式",打开"设置单元格格式"对话框。在"数字"选项卡中设置"分类"为"文本",如图 3-3 所示。

图 3-3　设置为"文本"类型

步骤 2:在"学号"列的 D2 中输入"0210101",此时 D2 单元格的左上角将显示绿色的标记。

步骤 3:再次选定单元格 D2,将鼠标指针移至填充柄上,使之变为"＋"字形后按下左键,向下拖动填充柄至 D21 单元格(假设本班有 20 位同学)。

三、输入身份证号、政治面貌——应用数据验证

相关微课

用户能够设置单元格所能接受的数据类型、数据的取值范围或数据的长度,这样可以有效地减少和避免输入数据时发生的错误,这就是"数据验证"的作用。若输入不满足要求的数据,将显示错误信息。

1. 输入身份证号码

身份证号码必须由 18 位文本组成,应用"数据验证"可以保证数据的长度正确,具体操作如下:

步骤 1:选定"身份证号码"列的单元格区域 I2:I21,先将该列数据设定为"文本"。

步骤 2:切换到功能区的"数据"选项卡,在"数据工具"选项组中单击【数据验证】按钮,打开"数据验证"对话框。

步骤 3:在该对话框的"设置"选项卡中,设置验证条件:设置"允许"为"文本长度";设置"数据"为"等于";在"长度"框中输入"18",如图 3-4 所示。

图 3-4 设置数据验证

步骤 4:在该对话框的"出错警告"选项卡中,设置出错信息提示:设置"样式"为"警告";在"标题"框和"错误信息"框中输入提示信息,如图 3-5 所示。

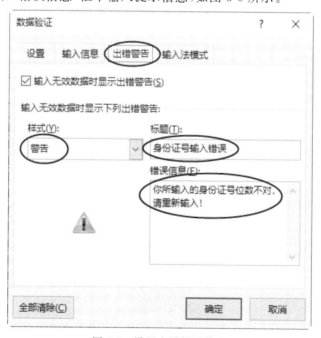

图 3-5 设置出错提示信息

步骤 5:单击【确定】按钮,即完成数据验证的设置。然后在身份证号码列的 I2:I21 中输入身份证号码。输入位数若不符合要求,则会显示如图 3-6 所示的出错提示窗口。

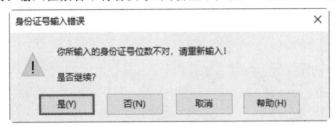

图 3-6　出错提示窗口

2. 输入政治面貌

用同样的方法对"政治面貌"列设置"数据验证",参数如图 3-7 所示,注意:"团员、群众、预备党员"之间应以英文状态下的逗号来分隔。然后利用下拉列表可以快速、准确地输入该列数据。

在输入性别时,也可设置该列的"数据验证"完成快速、准确输入。

图 3-7　设置数据验证

四、从身份证号码获取出生年份和年龄

相关微课

要分析和处理 Excel 工作表中的数据,需要使用公式和函数。Excel 中的公式始终以"="开头。Excel 中的函数,本质上是一些已经定义好的公式。

我们可通过相关函数利用身份证号码自动计算出学生的出生年份和年龄,因为身份证号码中第 7～10 位是出生年份的信息。

1. 利用文本函数 MID( )从身份证号码中自动获取出生年份

步骤 1:将光标定位在"出生年份"列的 G2 单元格,单击编辑栏中的【插入函数】按钮 fx ,在"插入函数"对话框选择文本函数 MID,设置其函数参数如图 3-8 所示。

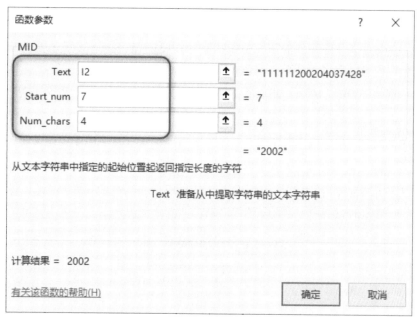

图 3-8　利用函数获取出生年份

> **提示:**
>
> ①MID(text,strat_num, num_chars),文本函数,从文本字符串中指定的起始位置起返回指定长度的字符;
>
> ②公式和函数中所用标点符号和其他字符必须为英文输入状态下的字符,即半角字符。

步骤 2:利用鼠标拖动填充柄的方法填充本列。

2. 利用时间日期函数计算学生年龄

步骤 1:在"年龄"列的 J2 单元格中输入公式"＝YEAR(NOW( ))－G2",然后按下 Enter 键确认。

> **提示:**
>
> ①YEAR(serial_number),日期函数,返回日期对应的年份值,返回值为 1900－9999 之间的数字;
>
> ②NOW( ),日期时间函数,返回值为当前日期和时间,该函数不需要参数。

步骤 2:利用鼠标拖动填充柄的方法填充本列。

五、为"年龄"添加批注

相关微课

在工作表中对于一些特殊的单元格数据有时需要解释、说明,从而方便读者理解单元格内容的含义。下面为"年龄"单元格添加批注,操作步骤如下:

步骤 1:选择"年龄"列的 J1 单元格,然后切换到功能区的"审阅"选项卡,单击"批注"选项组中的【新建批注】按钮 ,将显示批注框。

步骤 2:在批注框中输入"年龄将会自动更新"文本,如图 3-9 所示,然后单击任意单元格完成操作。插入批注后,在该单元格右上角将出现一个红色的三角形标记,将鼠标指针移动到该单元格上时,批注内容就会显示出来。

图 3-9 批注框

> **提示:**
> 编辑批注和删除批注都可以通过鼠标右键单击所在的单元格,在弹出的快捷菜单中选择相应的命令来快速完成。

六、美化与突出显示数据表格

相关微课

为了使表格看上去更加得体、美观、便于阅读,可通过设置单元格数据的对齐方式、调整单元格行高和列宽、为单元格添加边框和底纹,以及套用样式等来美化和突出显示数据表格。

1. 调整单元格

(1)调整单元格的大小

当在单元格中输入的数据信息比较多时,会超出默认的单元格宽度,只显示部分数据,或显示一串"♯",而编辑栏中能看到该单元格的完整内容。此时若想在单元格中完整显示数据,可采用如下方法:

方法一:用鼠标拖动分隔线

手动调整列宽的方法是:将鼠标指针移到某列列标的右框线处,此时鼠标指针变成 ✛ 形状,按住鼠标左键拖动可改变单元格的宽度,待数据完整显示后释放鼠标即可。使用类似的方法可以手动调整行高。

若双击单元格的列分隔线,单元格的宽度会根据本列数据的最大宽度自动调整列宽。

方法二:自动换行

选中需要自动换行的单元格或单元格区域,单击"开始"选项卡,在"对齐方式"组中单击【自动换行】按钮 ⬚自动换行 即可。(在快捷菜单的"设置单元格格式"对话框的"对齐"选项卡中也可实现自动换行)。

方法三:缩小字体填充

如果不想改变单元格的宽度,也不想让单元格内容换行,那么可以根据单元格的宽度缩小文字使其完全显示,具体操作如下:

步骤1:右键单击需要设置的单元格,在弹出的快捷菜单中选择"设置单元格格式"命令,打开"设置单元格格式"对话框。

步骤2:在"对齐"选项卡勾选"缩小字体填充"复选框,如图3-10所示,然后单击【确定】按钮即可。

图3-10　缩小字体填充

提示:

　　在"对齐"选项卡中还能完成对单元格的水平居中和垂直居中的设置。

方法四:强制换行

　　若设置了"自动换行"的单元格的内容显示效果还不理想,可将光标置于要在下一行显示的文本左侧,然后按"Alt＋Enter"组合键,即可使光标右侧的单元格内容强制换到下一行中。

(2)精确地调整行高和列宽

　　步骤 1:选中要调整行高的行或列宽的列,切换到功能区的"开始"选项卡,在"单元格"选项组单击【格式】按钮,在弹出的下拉菜单中选择"行高"或"列宽"命令,如图 3-11 所示。

图 3-11　"格式"列表

　　步骤 2:打开"行高"或"列宽"对话框,在其中输入数值并确定即可,本例将所有行高值设置为 20,各列列宽调整为"最合适"。

提示:

　　若选择列表中的"自动调整行高"或"自动调整列宽"命令,可让单元格中的内容自动调整到最合适的行高或列宽。

　　若要将多行的高度或多列的宽度调整为相同,则同时选中多行或多列,然后在"行高"或"列宽"对话框设置行高或列宽的值即可。

2. 设置单元格的边框和底色

通常在工作表中所看到的单元格都带有浅灰色的格线，这是 Excel 默认的网格线，不会被打印出来。为了使工作表数据的显示更具层次感，可以为单元格或单元格区域设置边框或底色效果，操作步骤如下：

步骤 1：切换到功能区的"视图"选项卡，在"显示"选项组取消"网格线"复选框，关闭网格线的显示。

步骤 2：若要为带数据的单元格区域（本例为 A1∶K21 单元格区域）设置粗的外边框和细的内部框线，要先选中该区域，右键单击选中的区域，在弹出的快捷菜单中选择"设置单元格格式"命令，打开"设置单元格格式"对话框。

步骤 3：先在"边框"选项卡的"样式"列表中选择"粗线型"，单击右侧的"预置"项的"外边框"，再选择"样式"列表中的"细线型"，单击右侧的"预置"项的"内部"。如图 3-12 所示。确定后即可为所选单元格区域添加外粗内细的格线。

步骤 4：选择线条样式后，单击"颜色"下拉按钮，可设置边框的颜色；单击右侧"边框"列表中的按钮可添加或删除相应的边框线。

步骤 5：若要设置单元格的底色，可切换到"填充"选项卡，然后在"背景色"列表中选择相应的颜色。

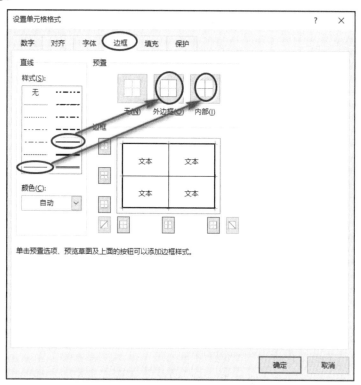

图 3-12 　设置内外边框线

3. 设置表格标题

为了突出显示数据表格的主要内容，通常会为表格设置标题，并且为标题设置明显的

显示效果。本例在表格的顶部插入一行,然后在其中输入表格标题并设置其格式,操作步骤如下:

步骤1:鼠标右键单击第一行,在弹出的快捷菜单中选择"插入",即可在第一行的上方插入一空白行。

步骤2:在插入的新行中输入标题"学生基本信息表"。

步骤3:选择工作表范围内标题所在行的单元格区域A1:K1,切换到功能区的"开始"选项卡,在"对齐方式"选项组单击【合并后居中】按钮 合并后居中 。

步骤4:在"字体"选项组设置其字符格式为宋体、18磅,加粗。

4. 设置表格内容的对齐方式及各列标题的格式

步骤1:选中A2:K22单元格区域,单击"开始"选项卡中的"对齐方式"组中的居中按钮 。

步骤2:选中A2:K2单元格区域,设置列标题的字符格式为宋体、加粗。

此时的工作表效果如图3-13所示。

序号	分院	班级	学号	姓名	性别	出生年份	政治面貌	身份证号码	年龄	备注
					学生基本信息表					
1	计算机科学学院	软件技术2101	0210101	姜玲燕		2002	团员	111111200204037428	19	
2	计算机科学学院	软件技术2101	0210102	周兆平		2002	群众	111111200208140253	19	
3	计算机科学学院	软件技术2101	0210103	赵永敏		2002	团员	111111200212250029	19	
4	计算机科学学院	软件技术2101	0210104	黄永良		2002	团员	111111200210199013	19	
5	计算机科学学院	软件技术2101	0210105	梁泉涌		2002	团员	111111200203061531	19	
6	计算机科学学院	软件技术2101	0210106	任广明		2000	预备党员	111111200008141819	21	
7	计算机科学学院	软件技术2101	0210107	郝海平		2000	团员	111111200009081054	21	
8	计算机科学学院	软件技术2101	0210108	张三		2003	团员	111111200301260029	18	
9	计算机科学学院	软件技术2101	0210109	李四		2002	群众	111111200206017573	19	
10	计算机科学学院	软件技术2101	0210110	王五		2001	群众	111111200105074310	20	
11	计算机科学学院	软件技术2101	0210111	赵六		2001	团员	111111200109011642	20	
12	计算机科学学院	软件技术2101	0210112	陈小七		2002	预备党员	11111120020829592X	19	
13	计算机科学学院	软件技术2101	0210113	钱伟		2001	群众	111111200108015073	20	
14	计算机科学学院	软件技术2101	0210114	王立伟		2001	团员	111111200111271564	20	
15	计算机科学学院	软件技术2101	0210115	姜昱昱		2002	团员	111111200209221345	19	
16	计算机科学学院	软件技术2101	0210116	张陈		2002	群众	11111120020525351X	19	
17	计算机科学学院	软件技术2101	0210117	俞晓华		2002	团员	11111120020419086X	19	
18	计算机科学学院	软件技术2101	0210118	唐明敏		2001	团员	111111200105315527	20	
19	计算机科学学院	软件技术2101	0210119	周春华		2003	群众	111111200305315528	18	
20	计算机科学学院	软件技术2101	0210120	张海南		2001	群众	111111200105315539	20	

图3-13 设置好格式的表格

5. 套用表格格式

Excel 2019提供了许多预定义的表格格式,使用这些格式,可以迅速建立适合于不同专业需求、外观精美的工作表,操作步骤如下:

步骤1:选择需要套用格式的数据区域,切换到功能区的"开始"选项卡,单击"样式"选项组中的【套用表格格式】按钮,展开列表,如图3-14所示。

步骤2:在表格格式列表中选取一种格式(当鼠标指针经过某格式时,会提示表格格式的名称),在打开的对话框中单击"确定"按钮即可。

表格格式列表

七、从身份证号码获取性别、出生日期

相关微课

"学生基本信息表"中的"性别"列数据可以通过相关函数利用身份证号码信息自动计算得出,二代身份证号码的第 17 位是性别信息,奇数为"男",偶数为"女"。出生日期信息用身份证号码的第 7～14 位表示。

1. 利用 IF、MID、MOD 函数从身份证号码中自动提取性别

步骤 1:在"性别"列的 F3 单元格中输入 IF 函数的参数,如图 3-15 所示。

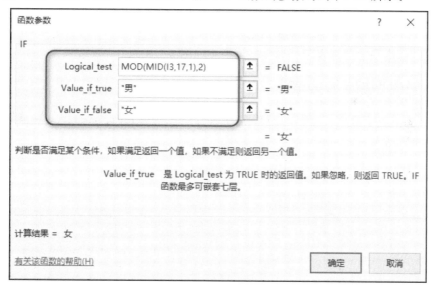

图 3-15　利用函数获取性别

提示:

　　MOD(number,divisor),求余函数,返回两数相除的余数。

步骤 2:确定后利用鼠标拖动填充柄的方法填充本列。

2. 利用文本函数 MID( )和文本合并函数 CONCATENATE( )从身份证号码中自动获取出生日期

步骤 1:将光标定位在"备注"列的 K3 单元格,单击编辑栏的【插入函数】按钮 fx ,选择文本合并函数 CONCATENATE,设置其函数参数如图 3-16 所示。

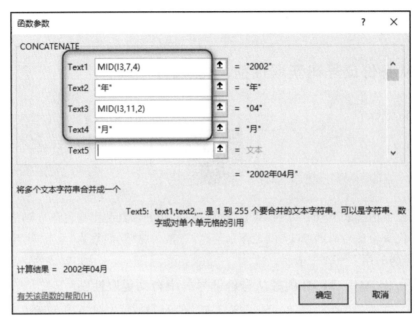

图 3-16　利用函数获取出生年月

步骤 2：利用鼠标拖动填充柄的方法填充本列。

至此，"学生基本信息表"创建完成，效果应如图 3-1 所示。

八、创建"技能加分表"

在"学生基本信息表"后创建"技能加分表"，输入数据，并完成美化。效果如图 3-17 所示。

	A	B	C	D	E
1	学生技能加分表				
2	序号	班级	姓名	技能加分	备注
3	1	建筑2101	宋国强	2	英语B级、计算机1级
4	2	汽车2102	郭建峰	3	英语A级、计算机1级
5	3	会计2101	吴兰兰	2	英语B级、计算机1级
6	4	软件技术2101	周兆平	1	英语B级
7	5	贸易2101	王丽	4	英语A级、计算机2级
8	6	动漫2102	丁伟光	5	英语四级、计算机2级
9	7	软件技术2101	郝海平	3	英语A级、计算机1级
10	8	软件技术2101	张三		
11	9	软件技术2101	姜玲燕	1	英语B级
12	10	软件技术2101	周兆平	1	英语B级
13	11	软件技术2101	赵永敏	2	英语B级、计算机1级
14	12	软件技术2101	俞晓华	1	英语B级
15	13	软件技术2101	唐明敏		
16	14	软件技术2101	任广明	2	英语B级、计算机1级
17	15	软件技术2101	黄永良		
18	16	软件技术2101	梁泉涌	1	英语B级
19	17	软件技术2101	李四	5	英语四级、计算机2级
20	18	软件技术2101	王五	2	英语B级、计算机1级
21	19	软件技术2101	赵六		
22	20	软件技术2101	陈小七		
23	21	软件技术2101	钱伟	1	英语B级
24	22	软件技术2101	王立伟	1	英语B级
25	23	软件技术2101	姜晏晏	3	英语A级、计算机1级
26	24	软件技术2101	张陈	2	英语B级、计算机1级
27	25	软件技术2101	周春华		
28	26	软件技术2101	张海南		

图 3-17　"技能加分表"完成效果

任务二 创建"综合测评表"

——常用数学函数和统计函数的使用

任务描述

本任务利用函数从其他的数据表中获取信息,在单元格中输入数值型数据(成绩和日期),利用常用公式和统计函数计算或判断学生成绩的情况,最后使用条件格式突出显示特殊成绩。

任务实施

学校在一个学期结束后,要对学生进行综合测评,本任务就是根据学生成绩的情况,计算出学生的总分、平均分、排名,并判断成绩是否合格等,最后得到学生本学期综合测评中的"智育"得分。"学生成绩表"效果如图 3-18 所示。

	班级	学号	姓名	性别	计算机基础	程序设计	计算机数学	高职英语	体育	期末总分	期末平均分	期末成绩排名	不及格科目数	体育合格否	专业课评价	英语等级
	软件技术2101班学生成绩表															
3	软件技术2101	0210101	姜玲燕	女	76	80	68	92	82	398	79.6	6	0	合格		A
4	软件技术2101	0210102	周兆平	男	86	65	61	74	83	369	73.8	12	0	合格		B
5	软件技术2101	0210103	赵永敏	女	98	97	51	84	80	410	82	3	1	合格	优秀	B
6	软件技术2101	0210104	黄永良	男	72	79	67	61	65	344	68.8	16	0	合格		B
7	软件技术2101	0210105	梁泉涌	男	96	98	60	82	97	433	86.6	1	0	合格	优秀	B
8	软件技术2101	0210106	任广明	男	87	90	60	87	79	403	80.6	5	0	合格	优秀	A
9	软件技术2101	0210107	郝海平	男	55	58	67	76	76	332	66.4	18	2	合格		B
10	软件技术2101	0210108	张三	女	61	52	78	90	90	371	74.2	11	1	合格		A
11	软件技术2101	0210109	李四	男	57	97	91	86	86	417	83.4	2	1	合格		A
12	软件技术2101	0210110	王五	男	84	75	63	53	53	328	65.6	19	2	不合格		C
13	软件技术2101	0210111	赵六	男	53	94	64	83	66	360	72	14	1	合格		B
14	软件技术2101	0210112	陈小七	女	78	76	74	70	76	374	74.8	10	0	合格		B
15	软件技术2101	0210113	钱伟	男	82	90	57	56	90	375	75	9	2	合格	优秀	C
16	软件技术2101	0210114	王立伟	男	83	86	72	83	86	410	82	3	0	合格		B
17	软件技术2101	0210115	姜曼曼	女	62	53	56	54	53	278	55.6	20	4	不合格		C
18	软件技术2101	0210116	张陈	男	92	66	66	72	50	346	69.2	15	1	不合格		B
19	软件技术2101	0210117	俞晓华	女	92	67	63	89	70	381	76.2	7	0	合格		A
20	软件技术2101	0210118	唐明敏	女	70	69	68	66	88	361	72.2	13	0	合格		A
21	软件技术2101	0210119	周春华	女	61	61	64	96	95	377	75.4	8	0	合格		A
22	软件技术2101	0210120	张海南	男	56	56	61	60	93	334	66.8	17	1	合格		B
23			各科平均分		75.45	75.45	65.55	75.70	77.90							
24															制表日期:	2021年9月1日
25	平均分在60~69(含60和69)的人数			4												
26	男生的总分			3681												

学生基本信息表　学生成绩表　技能加分表　综合测评表　⊕

图 3-18 "学生成绩表"效果

一、创建"学生成绩表",填充学生基本信息

相关微课

步骤 1:在"学生基本信息表"后单击"新工作表"按钮 ⊕ ,添加一张新表,单击工作表

标签,将其重命名为"学生成绩表",输入如图 3-19 所示的字段名。

	A	B	C	D	E	F	G	H	I	J	K	L	M	N	O	P
1	班级	学号	姓名	性别	计算机基础	程序设计	计算机数学	高职英语	体育	期末总分	期末平均分	期末成绩排名	不及格科数	体育合格否	专业课评价	英语等级

图 3-19　学生成绩表列标题

步骤 2:在"班级"列的 A2 单元格中输入公式"=学生基本信息表!C3"。

步骤 3:选定"班级"列的 A2 单元格,横向拖动填充柄至 D2 单元格进行公式的填充,自动从"学生基本信息表"中获取班级、学号、姓名和性别的第一行数据。

步骤 4:选定与"学生基本信息表"有相同字段的单元格区域 A2:D2,拖动填充柄到 A21:D21,从"学生基本信息表"中获取全部学生的班级、学号、姓名和性别的数据信息。效果如图 3-20 所示。

> **提示:**
>
> 公式中的"!"表示它后面的单元格是属于它前面的工作表的。
>
> 以上方法是在"学生成绩表"中利用公式,引用"学生基本信息表"中的部分数据,正确的引用,可以使被引用单元格中的数据发生变化时,引用单元格数据也随之改变,从而省去许多重复操作工作。

图 3-20　利用公式引用其他表中的数据进行数据填充

二、输入成绩和日期——数值型数据

相关微课

数值型数据是经常使用的对象。对于数值,除了要设置其显示效果和对齐方式外,有时还需要对其设置特殊的格式,比如小数、科学记数、日期和货币等。

步骤 1:选定与成绩相关的单元格区域 E2:I21,然后打开"设置单元格格式"对话框,在"数字"选项卡的"分类"列表中选择"数值",并设置小数位数为"0",表示数值为整数,如图 3-21 所示。确定后根据图 3-22 输入各科成绩。

图 3-21　设置数值格式

提示:

也可选择单元格区域后,直接在"开始"选项卡的"数字"组中单击【增加小数位数】按钮 和【减少小数位数】按钮 来增加或减少小数位数。

班级	学号	姓名	性别	计算机基础	程序设计	计算机数学	高职英语	体育	期末总分
软件技术2101	0210101	姜玲燕	女	76	80	68	92	82	
软件技术2101	0210102	周兆平	男	86	65	61	74	83	
软件技术2101	0210103	赵永敏	女	98	97	51	84	80	
软件技术2101	0210104	黄永良	男	72	79	67	61	65	
软件技术2101	0210105	梁泉涌	男	96	98	60	82	97	
软件技术2101	0210106	任广明	男	87	90	60	87	79	
软件技术2101	0210107	郝海平	男	55	58	67	76	76	
软件技术2101	0210108	张三	女	61	52	78	90	90	
软件技术2101	0210109	李四	男	57	97	91	86	86	
软件技术2101	0210110	王五	男	84	75	63	53	53	
软件技术2101	0210111	赵六	女	53	94	64	83	66	
软件技术2101	0210112	陈小七	女	78	76	74	70	76	
软件技术2101	0210113	钱伟	男	82	90	57	56	90	
软件技术2101	0210114	王立伟	男	83	86	72	83	86	
软件技术2101	0210115	姜曼曼	女	62	53	56	54	53	
软件技术2101	0210116	张陈	男	92	66	66	72	50	
软件技术2101	0210117	俞晓华	女	92	67	63	89	70	
软件技术2101	0210118	唐明敏	女	70	69	68	66	88	
软件技术2101	0210119	周春华	女	61	61	64	96	95	
软件技术2101	0210120	张海南	男	64	56	61	60	93	

图 3-22　学生各科成绩

步骤 2：将光标定位在数据区域右下位置的单元格中（本例为 N23），输入"制表日期"。选中 O23 单元格，打开"设置单元格格式"对话框，在"数字"选项卡的"分类"列表框中选择"日期"选项，并在右侧的"类型"列表框中选择一种格式，如图 3-23 所示。

图 3-23　设置日期格式

步骤 3：在 O23 单元格中输入"21/9/1"，回车确认后自动显示"2021 年 9 月 1 日"。

提示：

输入日期时，可用斜杠(/)或连字符(一)分隔年、月、日数据。

步骤 4：输入各科成绩和制表日期后，参考图 3-18 所示的效果为该表添加表格标题"软件技术 2101 班学生成绩表"，添加边框并设置对齐方式。

三、计算工作表数据——公式和函数的使用

利用公式和函数计算学生的期末总成绩、平均成绩、排名、不及格科数、各科平均成绩、体育是否合格和男生的总成绩等。

相关微课

1. 使用公式计算期末总成绩

要计算期末总成绩，可使用如下两种方法：

方法一：使用普通的加法公式

步骤 1：选定"期末总分"列的单元格 J3，输入"＝"进入公式的编辑状态。

步骤 2：输入计算表达式。计算总分的公式是各科成绩的和，此处应输入"＝E3＋F3＋G3＋H3＋I3"，然后按 Enter 键确认。

提示：

输入公式时，使用鼠标单击选择单元格的引用地址，可避免手动输入时的错误。

步骤 3：用鼠标向下拖动 J3 单元格的填充柄到 J22 单元格后释放鼠标，可得到每位学生的总分。

方法二：使用【自动求和】按钮

步骤 1：选择"期末总分"列的 J3 单元格，单击"公式"选项卡"函数库"组中的【自动求和】按钮，或单击"开始"选项卡"编辑"组中的 ∑ 自动求和 ▾ 按钮右侧的下拉箭头，在展开的列表中选择"求和"，如图 3-24 所示。

步骤 2：Excel 将自动选中其左侧要进行计算的数据区域，并在所选单元格中添加了求和函数。

步骤 3：若要进行计算的数据区域是正确的，则直接按 Enter 键，即可显示求和结果。若要进行计算的数据区域不正确，需要重新选择正确的数据区域。

步骤 4：用鼠标向下拖动 J3 单元格的填充柄到 J22 单元格后释放鼠标，可得到每位学

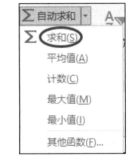

图 3-24 "自动求和"列表

生的总分。

> **提示：**
>
> 　　公式的计算结果出现在单元格中，编辑栏中则显示公式的内容。据此可以有效地区分单元格的内容是否为公式。

2. 使用 AVERAGE 函数计算平均成绩和各科平均分

　　步骤 1：单击"期末平均分"列的 K3 单元格，再单击编辑栏的【插入函数】按钮 fx，打开插入函数对话框，选择 AVERAGE 函数。

　　步骤 2：单击【确定】按钮，打开 AVERAGE 函数参数对话框，在工作表中选择求平均成绩的数据区域，如图 3-25 所示。

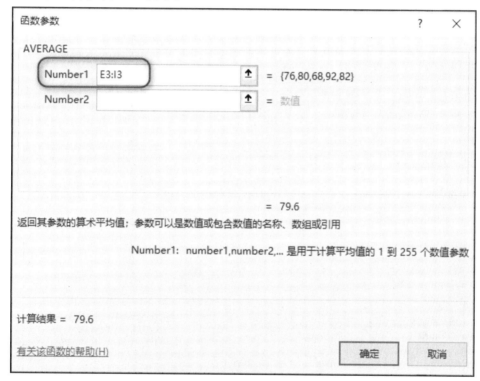

图 3-25　设置 AVERAGE 函数参数

　　步骤 3：单击【确定】按钮，求得第一位同学的平均成绩。然后拖动 K3 单元格右下角的填充柄到 K22 单元格后释放鼠标，复制公式计算其他学生的平均成绩。

　　步骤 4：在 C23 单元格输入"各科平均分"，合并 C23：D23 单元格，计算各科平均分的成绩，计算方法同理，并将各科平均分数值存放在数据清单的下一行中（本例为 E23：I23 单元格区域），然后设置其小数位数为"2"。

提示：

由于平均值非常常用，也可用图 3-24 中所示的【自动求和】列表中"平均值"选项，然后确认或选择求平均值的数据区域。

---

3. 使用 RANK.EQ 函数根据平均分计算成绩排名

相关微课

RANK.EQ 函数的作用是计算一个数字在数字列表中的排位。若有多个值大小相同，则排位相同。下面使用 RANK.EQ 函数根据平均分计算成绩排名，操作步骤如下：

步骤 1： 单击"排名"列的 L3 单元格，单击编辑栏的【插入函数】按钮 fx ，打开插入函数对话框，选择 RANK.EQ 函数。

步骤 2： 单击【确定】按钮，打开 RANK.EQ 函数参数对话框，设置其参数如图 3-26 所示。

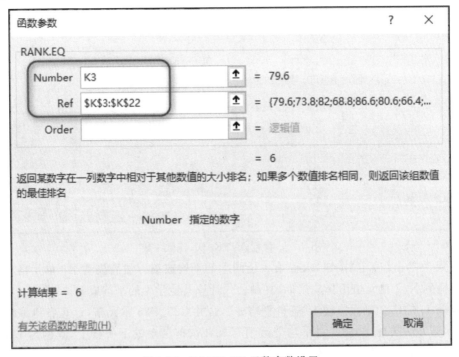

图 3-26　RANK.EQ 函数参数设置

步骤 3： 单击【确定】按钮求得第一位同学的排名，然后拖动 L3 单元格的填充柄到 L22 单元格后释放鼠标，复制公式计算其他学生的平均成绩排名。

提示：

　　RANK.EQ 函数的参数"＄K＄3：＄K＄22"称为单元格的绝对引用,公式中的单元格地址不随公式位置的变化而变化。绝对地址是通过在单元格的行号和列标识前加上"＄"符号实现的。在选取了数据区域之后,可按 F4 键快速添加"＄"符号。

4. 利用 COUNTIF 函数计算学生不及格科数

相关微课

　　COUNTIF 函数的作用是计算给定单元格区域中满足条件的单元格个数。

　　步骤 1：选定"不及格科数"列的 M3 单元格,单击【插入函数】按钮 fx ,打开插入函数对话框,选择"统计"类别中的"COUNTIF"函数,如图 3-27 所示。

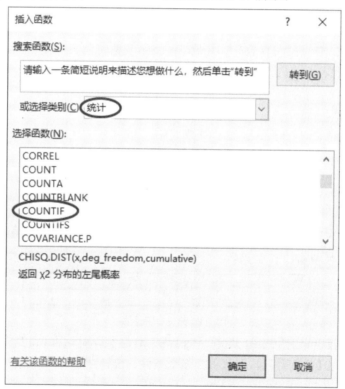

图 3-27　插入 COUNTIF 函数

　　步骤 2：单击【确定】按钮,打开 COUNTIF 函数参数对话框,设置其参数如图 3-28 所示。其中,"Range"文本框中是一位学生所有的考试科目成绩(本例为 E3:I3,该数据区域可用鼠标拖动选取),"Criteria"文本框中是不及格的条件(本例不及格的条件是成绩小于

60分)。

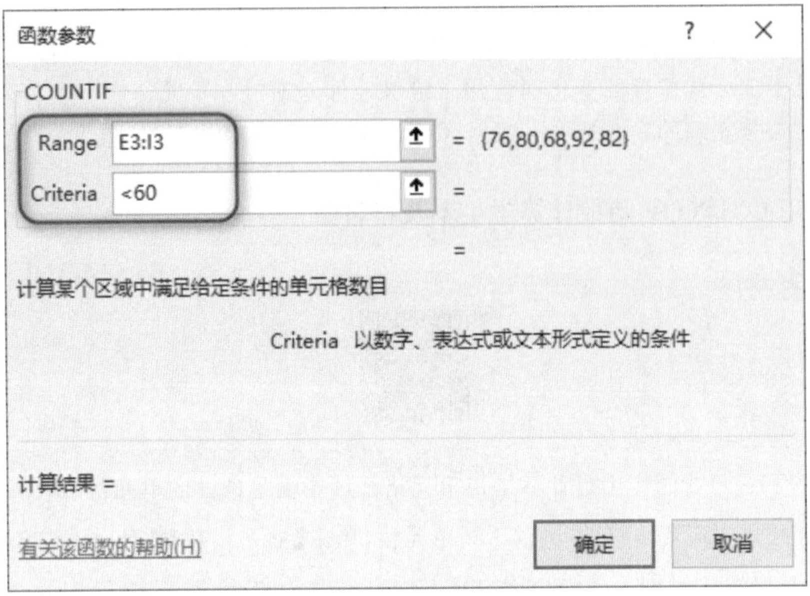

函数参数

COUNTIF

| Range | E3:I3 | ↥ | = {76,80,68,92,82} |
| Criteria | <60 | ↥ | = |

=

计算某个区域中满足给定条件的单元格数目

Criteria 以数字、表达式或文本形式定义的条件

计算结果 =

有关该函数的帮助(H)   确定   取消

图 3-28　设置 COUNTIF 函数参数

步骤 3：单击【确定】按钮，求得第一位学生的不及格科数。然后拖动 M3 单元格的填充柄到 M22 单元格后释放鼠标，计算其他学生的不及格科数。

5.统计平均分在 60～69(含 60 和 69)的人数

相关微课

步骤 1：在工作表空白区域建立如图 3-29 所示的表格(本例在 A25：E26 区域)，然后单击存放计算结果的单元格 E25，单击【插入函数】按钮 *fx*，打开"插入函数"对话框，选择"统计"类别中的"COUNTIFS"函数。

| 25 | 平均分在60~69（含60和69）的人数 | |
| 26 | 男生的总分 | |

图 3-29 建立计算表格

步骤 2：单击【确定】按钮，打开 COUNTIFS 函数参数对话框，在其中设置如图 3-30 所示的参数。单击【确定】按钮，即可得到多个条件的统计结果。

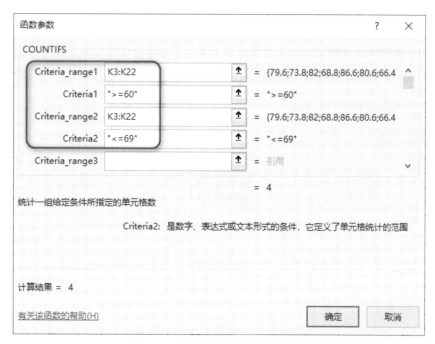

图 3-30　设置 COUNTIFS 函数参数

6.统计男生的期末总分——条件求和函数 SUMIF

步骤 1:单击存放计算结果的单元格 E26,单击编辑栏中的【插入函数】按钮 fx ,打开 "插入函数"对话框,选择"数学与三角函数"函数中的 SUMIF 函数。

步骤 2:单击【确定】按钮,打开 SUMIF 函数参数对话框。在其中设置如图 3-31 所示的函数参数,单击【确定】按钮,得到计算结果。

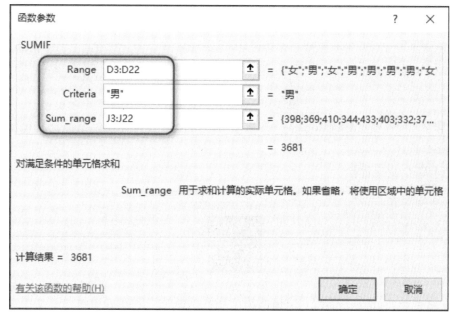

图 3-31　设置 SUMIF 函数参数

> **提示：**
> "Criteria"为求和判断的条件,其形式可以为数字、表达式或文本。本例中限定条件为"男"。为了减少输入错误,选择参数时最好用鼠标单击选取某单元格或某数据区域。

7. 判定体育成绩是否合格

相关微课

假设体育成绩大于等于 60 为合格,否则为不合格。

步骤 1: 选定"体育合格否"列的 N3 单元格,选择逻辑函数 IF ,设置其参数如图 3-32 所示。

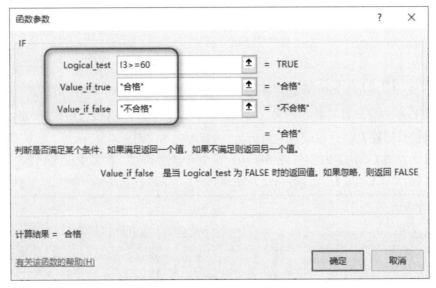

图 3-32　设置 IF 函数参数

步骤 2: 单击【确定】按钮后拖动 N3 单元格的填充柄到 N22 单元格后释放鼠标,计算出其他学生的体育成绩是否合格。

8. 计算专业课评价

相关微课

"专业课评价"分为"优秀"和空白两档。评价依据是:"计算机基础"和"程序设计"两门专业课的平均值若大于等于 85,显示"优秀",否则显示为空(注意:需要在 IF 函数中嵌套 AVERAGE 函数）。

步骤 1：选定"专业课评价"列的 O3 单元格，选择逻辑函数 IF。

步骤 2：在"函数参数"对话框按如图 3-33 所示设置参数。其中第 3 个参数的值是空值（只输入两个英文的双引号，引号中间没有任何字符），或直接在 O3 单元格输入"＝IF（AVERAGE(E3:F3)＞＝85,"优秀",""）"，然后单击【确定】按钮。

步骤 3：然后拖动 O3 单元格的填充柄到 O22 单元格后释放鼠标，计算其他学生的专业课评价。

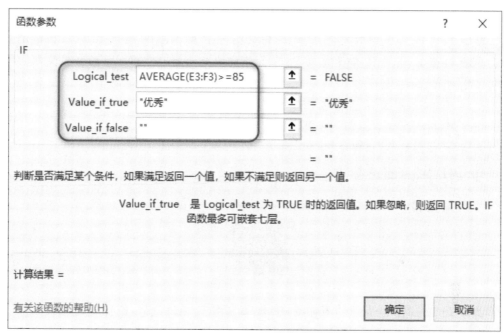

图 3-33 IF 函数参数设置

9. 计算英语等级

相关微课

"英语等级"分为"ABC"三挡，分级依据是："高职英语"成绩若大于等于 85，为"A"；若在 60～85 之间，为"B"；否则为"C"（注意：需要 IF 函数的 2 级嵌套）。

根据题意分析 IF 嵌套函数，画出其流程图如图 3-34 所示。

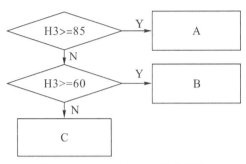

图 3-34　IF 函数嵌套三档流程图

步骤 1：在 P3 单元格输入公式"＝IF(H3＞＝85,"A",IF(H3＞＝60,"B","C"))"。

步骤 2：按 Enter 键后向下拖动 P3 单元格的填充柄到 P22 单元格后释放鼠标,判断其他学生的英语等级情况。

至此,"学生成绩表"创建完成,效果应如图 3-18 所示。

接下来将在"综合测评表"中,根据学生成绩的情况计算出"成绩折合分",再加上学生的技能得分,得出最后的"智育"分。

10. 创建"综合测评表"

相关微课

步骤 1：单击最后一张工作表标签,单击"新工作表"按钮⊕,添加一张新表,双击工作表标签,将其重命名为"综合测评表",输入如图 3-35 所示的字段名。

	A	B	C	D	E	F	G
1	班级	学号	姓名	期末平均分	成绩折合分	技能分	智育分

图 3-35　"综合测评表"列标题

步骤 2：引用"学生成绩表"中的"班级"、"学号"、"姓名"、"期末平均分"列的数据填充到"综合测评表"的对应列中。

11. 计算"成绩折合分"(＊)

利用数组公式计算成绩折合分。数组就是单元的集合或是一组处理的值集合。利用数组公式可以对两组或两组以上的数据(两个或两个以上的单元格区域)同时进行计算,计算的结果可能是一个,也可能是多个——每个结果显示在一个单元中。

步骤 1：选中"成绩折合分"列的数据区域 E2:E21 ,输入公式 "＝D2:D21＊0.6"(注意：各列数据区域建议用鼠标拖曳选取)。

步骤 2：按 Ctrl＋Shift＋Enter 组合键锁定数组公式,此时 Excel 将在公式两边自动加上花括号"{}"(注意：不要手动键入花括号,否则,Excel 认为输入的是一个正文标签),得到计算结果,如图 3-36 所示。

	A	B	C	D	E
1	班级	学号	姓名	期末平均分	成绩折合分
2	软件技术2101	0210101	姜玲燕	79.6	47.76
3	软件技术2101	0210102	周兆平	73.8	44.28
4	软件技术2101	0210103	赵永敏	82	49.2
5	软件技术2101	0210104	黄永良	68.8	41.28
6	软件技术2101	0210105	梁泉涌	86.6	51.96
7	软件技术2101	0210106	任广明	80.6	48.36
8	软件技术2101	0210107	郝海平	66.4	39.84
9	软件技术2101	0210108	张三	74.2	44.52
10	软件技术2101	0210109	李四	83.4	50.04
11	软件技术2101	0210110	王五	65.6	39.36
12	软件技术2101	0210111	赵六	72	43.2
13	软件技术2101	0210112	陈小七	74.8	44.88
14	软件技术2101	0210113	钱伟	75	45
15	软件技术2101	0210114	王立伟	82	49.2
16	软件技术2101	0210115	姜曼曼	55.6	33.36
17	软件技术2101	0210116	张陈	69.2	41.52
18	软件技术2101	0210117	俞晓华	76.2	45.72
19	软件技术2101	0210118	唐明敏	72.2	43.32
20	软件技术2101	0210119	周春华	75.4	45.24
21	软件技术2101	0210120	张海南	66.8	40.08

E2　fx　{=D2:D21*0.6}

图 3-36　计算成绩折合分

12. 填写"技能分"列,计算"智育分"列

相关微课

利用 VLOOKUP 函数,根据"技能加分表"中的数据,为部分同学填写"技能分",并计算"智育分"。

步骤 1:将光标定位在"技能分"列的单元格 F2,选择"查找与引用"类别中的 VLOOKUP 函数,在打开的函数参数对话框设置如图 3-37 所示的参数(注意:Table_array 区域的绝对引用,可在选择单元格区域后直接按 F4 键快速输入绝对引用符号$)。

計算机基础项目化教程

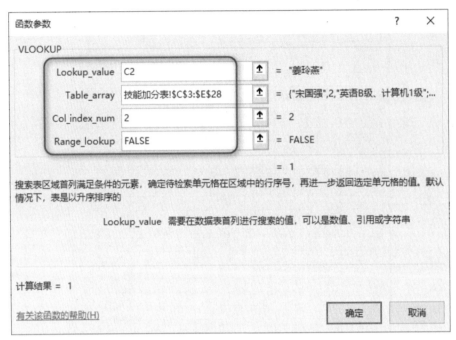

图 3-37　VLOOKUP 函数参数设置

步骤 2：单击【确定】按钮，然后向下拖动 F2 单元格的填充柄到 F21 单元格后释放鼠标，计算出其他学生的技能分。

> **提示**：
>
> VLOOKUP 函数作用是在数据源区域中根据给定的查找值进行他项对应数据查找。
>
> 语法：**VLOOKUP(lookup_value,table_array,col_index_num,range_lookup)**，说明：
>
> Lookup_value：查找值，即在数据源区域中查找的值，可以是具体值或单元格引用。
>
> Table_array：查找范围，即供给查找的数据源区域引用，其第一列数据必须是查找值搜索的数据。
>
> Col_index_num：查找后返回值所在的列，即通过关键字查找后需要返回他项对应数据所在的列号。该列号必须以数据源区域第一列为自然数"1"起的计数类推。
>
> Range_lookup：查找方式，即精确查找或模糊查找，为逻辑值 True 或 False。True 为模糊或近似查找，False 为精确查找。在实际工作中，经常使用精确查找。

步骤 3：在 G2 单元格输入公式"＝E2＋F2"，计算"智育分"（智育分＝成绩折合分＋技能分），然后向下拖动 G2 单元格的填充柄到 G21 单元格后释放鼠标，计算其他学生的智育分。

至此，"综合测评表"数据已经完整，最后在第一行插入表格标题"软件技术 2101 班学生综合测评表"，并对表格加内外框线等，进行美化。

四、突出显示特殊成绩——条件格式的使用

条件格式可使单元格区域中的数据在满足不同条件时,以不同的格式显示。

下面我们将各科成绩大于等于 85 分的,使用红、绿、蓝颜色成分为 100、255、100 的背景色填充;对于成绩不及格的,使用红色、加粗、倾斜效果显示。

┌─ 相关微课 ───┐

└──┘

步骤 1:在"学生成绩表"中拖动鼠标选择需要设置单元格格式的区域 E3:I22,在"开始"功能选项卡的"样式"组单击【条件格式】按钮 ,在展开的列表中选择"管理规则"命令,如图 3-38 所示,打开"条件格式规则管理器"对话框,如图 3-39 所示。

图 3-38　选择"管理规则"命令　　图 3-39　"条件格式规则管理器"对话框

步骤 2:单击【新建规则】按钮,打开"新建格式规则"对话框,选择"规则类型"为"只为包含以下内容的单元格设置格式",设置详细的条件。根据要求,单击"介于"右侧的下拉按钮,在展开的列表中选择"大于或等于",在右侧的文本框中输入"85",如图 3-40 所示。

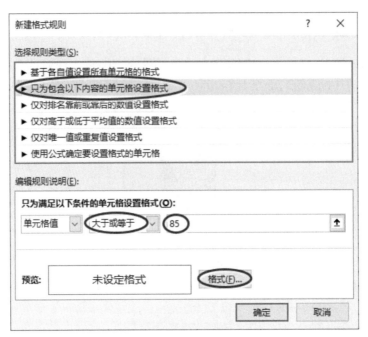

图 3-40 "新建格式规则"对话框

步骤 3：单击【格式】按钮，打开"设置单元格格式"对话框。在"填充"选项卡单击【其他颜色】按钮，打开"颜色"对话框。在"自定义"选项卡输入对应的颜色值，如图 3-41所示。

步骤 4：单击"颜色"对话框中的【确定】按钮，返回"设置单元格格式"对话框。单击【确定】按钮，返回"新建格式规则"对话框，单击【确定】按钮，返回"条件格式规则管理器"对话框。此时已经将"成绩大于等于 85 分，使用红、绿、蓝颜色成分为 100、255、100 的背景色填充"设置完成。

步骤 5：在"条件格式规则管理器"对话框单击【新建规则】按钮，如图 3-42 所示，重复步骤 1 之后的步骤，完成"成绩不及格的，使用红色、加粗、倾斜效果显示"条件的设置。设置好的条件规则如图 3-43 所示，单击【确定】按钮接受修改，设置完成后效果如图 3-44所示。

提示：

如果只需设置一个条件的条件格式，只需在"条件格式"列表中选择"突出显示单元格规则"命令，然后按要求设置条件即可。

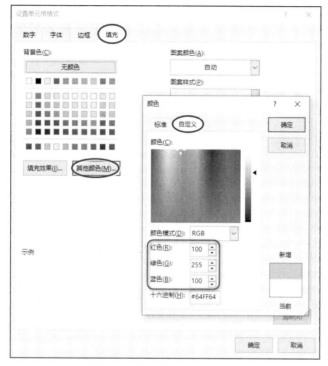

图 3-41　设置单元格的填充色

图 3-42　添加第二个条件

图 3-43　设置好的两个条件格式

	班级	学号	姓名	性别	计算机基础	程序设计	计算机数学	高职英语	体育	期末总分	期末平均
							软件技术2101班学生成绩表				
3	软件技术2101	0210101	姜玲燕	女	76	80	68	92	82	398	79.6
4	软件技术2101	0210102	周兆平	男	86	65	61	74	83	369	73.8
5	软件技术2101	0210103	赵永敏	女	98	97	51	84	80	410	82
6	软件技术2101	0210104	黄永良	男	72	79	67	61	65	344	68.8
7	软件技术2101	0210105	梁泉涌	男	96	98	60	82	97	433	86.6
8	软件技术2101	0210106	任广明	男	87	90	60	87	79	403	80.6
9	软件技术2101	0210107	郝海平	男	55	58	67	76	76	332	66.4
10	软件技术2101	0210108	张三	女	61	52	78	90	90	371	74.2
11	软件技术2101	0210109	李四	男	57	97	91	86	86	417	83.4
12	软件技术2101	0210110	王五	男	84	75	63	53	53	328	65.6
13	软件技术2101	0210111	赵六	女	53	94	64	83	66	360	72
14	软件技术2101	0210112	陈小七	女	78	76	74	70	76	374	74.8
15	软件技术2101	0210113	钱伟	男	82	90	57	56	90	375	75
16	软件技术2101	0210114	王立伟	男	83	86	72	83	86	410	82
17	软件技术2101	0210115	姜曼曼	女	62	53	56	54	53	278	55.6
18	软件技术2101	0210116	张陈	男	92	66	66	72	50	346	69.2
19	软件技术2101	0210117	俞晓华	女	92	67	63	89	70	381	76.2
20	软件技术2101	0210118	唐明敏	女	70	69	68	66	88	361	72.2
21	软件技术2101	0210119	周春华	女	61	61	64	96	95	377	75.4
22	软件技术2101	0210120	张海南	男	64	56	61	60	93	334	66.8
23			各科平均分		75.45	75.45	65.55	75.70	77.90		

图 3-44　条件格式设置效果

任务三　数据管理综合运用

——排序、筛选、分类汇总、对多字段的分类汇总

任务描述

> 数据管理综合应用:对学生成绩按条件进行排序,在学生成绩表中查找符合条件的记录,建立分类汇总计算体育的合格情况,创建图表清晰地了解班级各科平均分情况,利用数据透视表功能,快速对班级某几项信息进行汇总。

任务实施

下面首先将"学生成绩表"中的部分数据复制到其他工作表,然后对其中的数据进行排序、筛选、分类汇总等。本任务完成后的各工作表的最终效果可参考本书配套素材"项目三学生综合信息管理表.xlsx"工作簿的相应工作表。

一、对学生成绩进行排序——数据排序

排序是指根据工作表中的某一列或几列的值,按一定的顺序将工作表的记录重新排列。排序所依据的值,即排序的字段名,被称为"关键字"。

本例排序要求:对"计算机基础"的成绩按降序排列;若该成绩相同,则"程序设计"成

绩较高者排在前面,不含各科平均成绩。

相关微课

步骤 1:单击"学生成绩表"工作表标签,按住 Ctrl 键的同时按住鼠标左键将其拖到所有工作表的后面,完成复制该工作表,删除第 24～26 行数据,并将复制的工作表命名为"数据排序"。

步骤 2:在"数据排序"工作表中,选中排序的数据区域(本例为 A2:P22),切换到功能区的"数据"选项卡,在"排序和筛选"选项组单击【排序】按钮框 ，打开"排序"对话框,设置"主要关键字"为"计算机基础",作为排序的第一关键字;设置"次序"为"降序",如图 3-45 所示。

步骤 3:单击【添加条件】按钮,增加一个"次要关键字"。设置"次要关键字"为"程序设计",作为排序的第二关键字;设置"次序"为"降序",如图 3-46 所示。

步骤 4:单击【确定】按钮完成多关键字排序,效果如图 3-47 所示。可看到"计算机基础"成绩相同的,则以第二关键字"程序设计"降序排序。

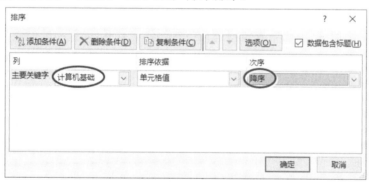

图 3-45　设置排序的主要关键字

图 3-46　添加排序的次要关键字

软件技术2101班学生成绩表

班级	学号	姓名	性别	计算机基础	程序设计	计算机数学	高职英语	体育	期末总分	期末平均分	期末成绩排名	不及格科数	体育合格否	专业课评价	英语等级
软件技术2101	0210103	赵永敏	女	98	97	51	84	80	410	82	3	1	合格	优秀	B
软件技术2101	0210105	梁泉涌	男	96	98	60	82	97	433	86.6	1	0	合格	优秀	B
软件技术2101	0210117	俞晓华	女	92	67	63	89	70	381	76.2	7	0	合格		A
软件技术2101	0210116	张陈	男	92	66	66	72	50	346	69.2	15	1	不合格		B
软件技术2101	0210106	任广明	男	87	90	60	87	79	403	80.6	5	0	合格	优秀	A
软件技术2101	0210102	周兆平	男	86	65	61	74	83	369	73.8	12	0	合格		B
软件技术2101	0210110	王五	男	84	75	63	53	53	328	65.6	19	2	合格		C
软件技术2101	0210114	王立伟	女	83	86	72	83	86	410	82	3	0	合格		B
软件技术2101	0210113	钱伟	男	82	90	57	56	90	375	75	9	2	合格	优秀	C
软件技术2101	0210112	陈小七	女	78	76	74	70	76	374	74.8	10	0	合格		B
软件技术2101	0210101	姜玲燕	女	76	80	68	92	82	398	79.6	6	0	合格		A
软件技术2101	0210104	黄永良	男	72	79	67	61	65	344	68.8	16	0	合格		B
软件技术2101	0210118	唐明敏	女	70	69	68	66	88	361	72.2	13	0	合格		B
软件技术2101	0210120	张海南	男	64	56	61	60	93	334	66.8	17	1	合格		B
软件技术2101	0210115	姜曼曼	女	62	53	56	54	53	278	55.6	20	4	不合格		C
软件技术2101	0210119	周春华	女	61	61	64	96	95	377	75.4	8	0	合格		A
软件技术2101	0210108	张三	男	61	52	78	90	90	371	74.2	11	1	合格		A
软件技术2101	0210109	李四	男	57	97	91	86	86	417	83.4	2	1	合格		A
软件技术2101	0210107	郝海平	男	55	58	67	76	76	332	66.4	18	2	合格		B
软件技术2101	0210111	赵六	女	53	94	64	83	66	360	72	14	1	合格		B
各科平均分				75.45	75.45		65.55	75.70	77.90						

学生基本信息表　学生成绩表　技能加分表　综合测评表　数据排序

图 3-47　多关键字排序结果

提示：

若仅对一个字段进行排序，则可单击数据清单中该列的任一单元格，然后单击【升序】按钮 ↓ 或【降序】按钮 ↓，即可将数据清单中的数据按照所选字段进行升序排序或降序排序。

二、在"学生成绩表"中查找记录——数据筛选

在规模较大的数据清单中查找符合某些条件的记录时，采用一般的查找方法难以满足要求，这时可用 Excel 的筛选功能。它能自动筛选出符合条件的所有记录。设置的条件越多、越准确，就越容易找到所需的记录。

Excel 提供了两种不同的筛选方式：自动筛选和高级筛选。自动筛选是对整个数据清单进行操作，筛选结果在原区域显示，它比较适合简单条件筛选，自定义自动筛选可以扩展筛选范围；高级筛选可指定筛选的数据区域，并且筛选结果可在指定区域显示，比较适合复杂的筛选条件。

1. 自动筛选

相关微课

本例要求：筛选出姓"周"或姓"张"，且平均成绩大于等于 75 分的学生。

为便于比较筛选前后的数据，用前面学习的方法复制"学生成绩表"中的部分数据（不含各科平均成绩等数据），将复制的工作表命名为"自动筛选"。

（1）先筛选出姓"周"或姓"张"的学生。

步骤 1：单击要进行筛选操作的数据清单中的任意单元格，切换到功能区的"数据"选

项卡,单击"排序和筛选"组中的【筛选】按钮,此时工作表中每个列标题右侧都将显示自动筛选按钮  ,如图 3-48 所示。

图 3-48　自动筛选按钮

步骤 2:单击"姓名"列的下拉筛选按钮,在展开的列表中选择"文本筛选"下的"自定义筛选"命令,如图 3-49 所示,打开"自定义自动筛选"对话框。

步骤 3:在"自定义自动筛选方式"对话框设置参数,如图 3-50 所示。

步骤 4:单击【确定】按钮,结果如图 3-51 所示。可看到张姓或周姓的记录被筛选出来。

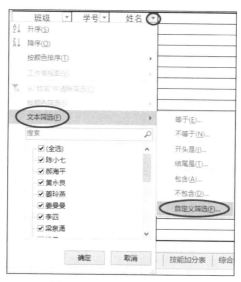

图 3-49　文本的自定义筛选

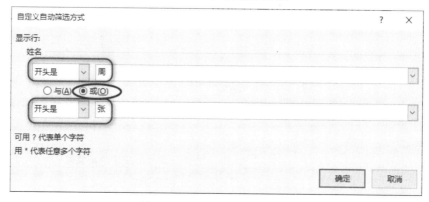

图 3-50　设置自定义筛选条件

班级	学号	姓名	性别	计算机基	程序设	计算机数	高职英	体育	期末总	期末平均	期末成绩排	不及格科
软件技术2101	0210102	周兆平	男	86	65	61	74	83	369	73.8	12	0
软件技术2101	0210108	张三	女	61	52	78	90	90	371	74.2	11	1
软件技术2101	0210116	张陈	男	92	66	66	72	50	346	69.2	15	1
软件技术2101	0210119	周春华	女	61	61	64	96	95	377	75.4	8	0
软件技术2101	0210120	张海南	男	64	56	61	60	93	334	66.8	17	1

图 3-51　筛选出张姓或周姓的记录

(2)再在结果中筛选期末平均成绩大于等于 75 分的学生。

步骤 1：单击"期末平均分"列的下拉筛选按钮,在展开的列表中选择"数字筛选"下的"大于或等于"命令,如图 3-52 所示,打开"自定义自动筛选方式"对话框。

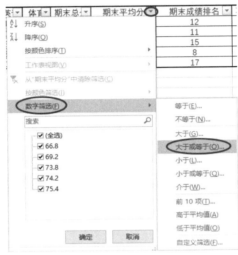

图 3-52　数字的自定义筛选

步骤 2：在"自定义自动筛选方式"对话框设置参数,如图 3-53 所示。

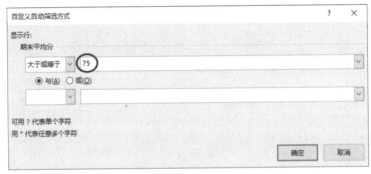

图 3-53　数字的自定义筛选参数设置

步骤 3：单击【确定】按钮,结果如图 3-54 所示。单击"快速访问工具栏"中的【保存】按钮保存该工作簿。

班级	学号	姓名	性别	计算机基	程序设	计算机数	高职英	体育	期末总	期末平均分	期末成绩排名	不及
软件技术2101	0210119	周春华	女	61	61	64	96	95	377	75.4	8	

图 3-54　筛选出姓"周"或姓"张",且平均成绩大于等于 75 分的学生

2.高级筛选

本例要求:筛选出"高职英语"成绩在 60－85 之间(含 60 和 85),或"体育成绩"大于等于 90 的记录。

相关微课

同理,为便于比较高级筛选前后的数据,先将"学生成绩表"中的部分数据(第 1—22 行)复制到新表中,并将新工作表命名为"高级筛选",然后进行如下操作:

步骤 1:在"高级筛选"工作表下方的空白区域(本例在 E24:G26)中根据要求创建高级筛选条件,如图 3-55 所示。

高职英语	高职英语	体育
>=60	<=85	
		>=90

图 3-55 创建高级筛选条件

步骤 2:单击"高级筛选"工作表数据清单的任一单元格,切换到功能区的"数据"选项卡,单击"排序和筛选"选项组中的【高级】按钮 ，打开"高级筛选"对话框,此时"列表区域"文本框中已自动填入数据清单所在的单元格区域,如图 3-56 所示。

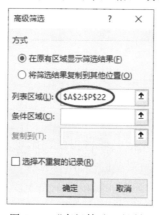

图 3-56 "高级筛选"对话框

步骤 3:将光标定位在"条件区域"文本框内,用鼠标拖选步骤 1 中创建的筛选条件单元格区域,然后松开鼠标,效果如图 3-57 所示。

步骤 4:单击【确定】按钮,完成高级筛选,结果如图 3-58 所示,然后保存该工作簿。

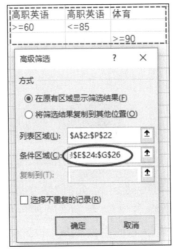

图 3-57 设置"条件区域"

	A	B	C	D	E	F	G	H	I	J	K	
1								软件技术2101班学生成绩表				
2	班级	学号	姓名	性别	计算机基础	程序设计	计算机数学	高职英语	体育	期末总分	期末平均分	期
4	软件技术2101	0210102	周兆平	男	86	65	61	74	83	369	73.8	
5	软件技术2101	0210103	赵永敏	女	98	97	51	84	80	410	82	
6	软件技术2101	0210104	黄永良	男	72	79	67	61	65	344	68.8	
7	软件技术2101	0210105	梁泉涌	男	96	98	60	82	97	433	86.6	
9	软件技术2101	0210107	郝海平	男	55	58	67	76	76	332	66.4	
10	软件技术2101	0210108	张三	女	61	52	78	90	90	371	74.2	
13	软件技术2101	0210111	赵六	女	53	94	64	83	66	360	72	
14	软件技术2101	0210112	陈小七	女	78	76	74	70	76	374	74.8	
15	软件技术2101	0210113	钱伟	男	82	90	57	56	90	375	75	
16	软件技术2101	0210114	王立伟	男	83	86	72	83	86	410	82	
18	软件技术2101	0210116	张陈	男	92	66	66	72	50	346	69.2	
20	软件技术2101	0210118	唐明敏	女	70	69	68	66	88	361	72.2	
21	软件技术2101	0210119	周春华	女	61	61	64	96	95	377	75.4	
22	软件技术2101	0210120	张海南	男	64	56	61	60	93	334	66.8	
23												
24					高职英语	高职英语	体育					
25					>=60	<=85						
26							>=90					

图 3-58 高级筛选结果

> **提示:**
>
> 　高级筛选中需定义一个单元格区域作为条件区域——用来指定所筛选数据需满足的条件。条件区域应位于数据清单的外部,并且条件区域的第一行必须包含数据清单的字段名,即列标题。在条件区域的字段名下面至少有一行用来定义筛选条件。

三、计算体育合格情况——建立分类汇总

　　分类汇总是将数据清单中的数据按字段分类逐级进行求和、求平均值、最大(小)值或乘积等的汇总运算,并将结果自动分级显示。利用分类汇总可快速建立简洁、清晰的汇总报告。在进行分类汇总操作之前,必须对分类字段进行排序。

　　本例要求:按"体育合格否"统计学生人数(显示在"学号"列),要求先显示合格的学生人数,再显示不合格的学生人数,显示到第 2 级(即不显示具体的学生信息)。

相关微课

为便于比较分类汇总前后的数据,先将"学生成绩表"中的部分数据(第 1－22 行)复制到新表中,并将新工作表命名为"分类汇总",然后进行如下操作:

步骤 1:单击数据清单中的任意单元格,切换到功能区的"数据"选项卡,单击"排序和筛选"选项组中的【排序】按钮,按如图 3-59 所示设置排序方式,使"体育合格否"列按照"合格"在前、"不合格"在后排序(也可直接单击"体育合格否"列中的任意单元格,然后单击"数据"选项卡"排序和筛选"组中的"降序"按钮 $\frac{Z}{A}\downarrow$)。

图 3-59　按照"体育合格否"降序排序

步骤 2:单击"分级显示"选项组中的【分类汇总】按钮,在打开的"分类汇总"对话框设置参数,如图 3-60 所示。

步骤 3:单击【确定】按钮,得到分类汇总结果,再单击工作表窗口行号左侧的分级符号"2",效果如图 3-61 所示。

图 3-60　设置"分类汇总"选项

图 3-61　2 级显示分类汇总结果

四、创建图表

数据图表是指将单元格中的数据以各种统计图表的形式显示,这样可以更直观地表现数据,方便用户查看数据的差异和预测趋势。当表格中的数据发生变化时,图表也会自动更新。

本例要求:在新工作表中为各科平均分制作三维簇状柱形图,具体要求如下:

(1) 以各科目(计算机基础、程序设计等)为水平(分类)轴标签。

(2) 以"各科平均分"为图例项。

(3) 图表标题为"各科平均成绩比较"(不包括引号)。

(4) 删除网格线。

(5) 设置坐标轴选项的最小值为 0.0。

(6) 将图表放置于 A4:Fl5 的区域。

> 相关微课
>
>

步骤 1:在所有工作表右侧新建工作表,命名为"各科平均成绩比较",然后从"学生成绩表"中将科目和各科平均分复制到该表(粘贴"各科平均分"数据行时,需在快捷菜单中选择"粘贴选项"中的【值】按钮 ,并将小数位数设置为"2"),效果如图 3-62 所示。

科目	计算机基础	程序设计	计算机数学	高职英语	体育
各科平均分	75.45	75.45	65.55	75.70	77.90

图 3-62　制作各科成绩比较表

步骤 2:单击数据清单中的任一单元格,切换到功能区的"插入"选项卡,单击"图表"选项组中的【插入柱形图或条形图】按钮 ,在展开的列表中选择"三维柱形图"中的"簇状柱形图",如图 3-63 所示,即可在工作表中插入图表。

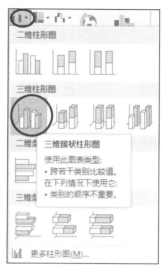

图 3-63　"插入柱形图或条形图"列表

步骤 3：在生成的图表中，检查水平（分类）轴标签为各科目（即计算机基础、程序设计等），选中图表，单击右上角的"＋"按钮，可对"图表元素"进行选择或添加，本例添加"图例"项为"各科平均分"，如图 3-64 所示。

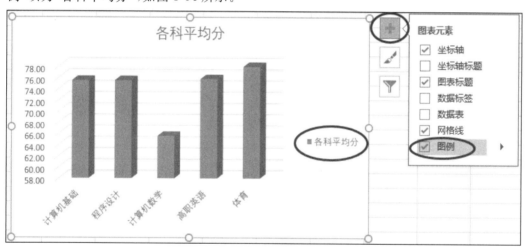

图 3-64　添加"图表元素"

步骤 4：选中图表标题"各科平均分"，将其更改为"各科平均成绩比较"；在网格线上右击鼠标，在弹出的快捷菜单中选择"删除"命令，将网格线删除，如图 3-65 所示。

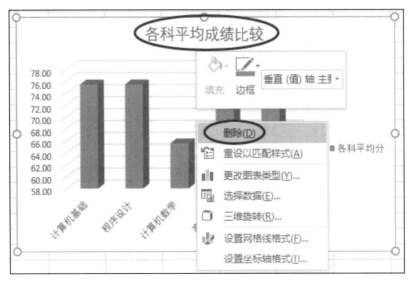

图 3-65　修改图表标题并删除网格线

步骤 5：双击纵坐标数值，在软件右侧会跳出"设置坐标轴格式"窗口，在"坐标轴选项"中设置"最小值"为"0.0"，如图 3-66 所示，按 Enter 键确定。

步骤 6：选中图表后，按住 Alt 键，将其拖曳到指定单元格区域 A4：F15，需要调整图表的大小，注意：必须在按住 Alt 键的同时调整图表的大小，这样可以实现精确调整和定位，完成效果如图 3-67 所示。单击"快速访问工具栏"中的【保存】按钮保存工作簿。

图 3-66　设置坐标轴格式

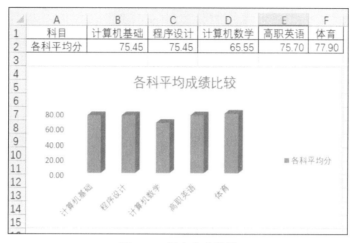

图 3-67 图表完成效果

> **提示：**
>
> 　　1.点击图表，三个按钮出现在图表的右上角，单击 ✎图标将显示"样式"和"颜色"，可以使用图表样式来自定义图表的外观。
>
> 　　2.默认的图表背景为白色底，如果我们需要更改其颜色，可以双击图表区，这时在软件右侧会跳出"设置图表区格式"的窗口，在此窗口中，我们可以将背景颜色改为单色、渐变色、图片或纹理、图案等。

五、创建数据透视表（图）——对多字段进行分类汇总

分类汇总适合对一个字段进行分类汇总，数据透视表（图）则可按多个字段进行分类并汇总，它是用于快速汇总大量数据和建立交叉列表的交互式表格。

1.数据透视表

本例要求：在"学生基本信息表"数据清单中，统计班级男女生的政治面貌情况（先建"数据透视表"工作表，用于存放统计情况）。具体要求如下：

（1）行区域设置为"性别"。

（2）列区域设置为"政治面貌"。

（3）计数项为政治面貌。

> **相关微课**
>
>

步骤 1：在所有工作表的右侧新建工作表，命名为"数据透视表"。

步骤 2：单击"学生基本信息表"中的任一单元格，在"插入"选项卡的"表格"选项组中单击【数据透视表】按钮，如图 3-68 所示，打开"创建数据透视表"对话框。

3-68 插入"数据透视表"

步骤 3：此时，在"选择一个表或区域"单选钮下方的"表/域"文本框中自动填入了"学生基本信息表"的数据区域，如图 3-69 所示。

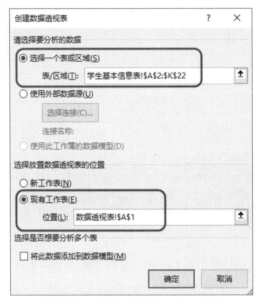

图 3-69 "创建数据透视表"对话框

步骤 4：单击"现有工作表"单选钮，然后将光标定位在"位置"右侧的文本框中，再单击"数据透视表"工作表中的 A1 单元格，如图 3-69 所示，即选择数据透视表的放置位置。

步骤 5：单击【确定】按钮，进入数据透视表设计环境：在右侧的"数据透视表字段"窗格的"选择要添加到报表的字段"列表框中，将"性别"拖到"行"区域中，"政治面貌"拖到"列"和"∑值"区域中，如图 3-70 所示。

➢数值：用于显示汇总数值数据。

➢行标签：用于将字段显示为报表侧面的行。

➢列标签：用于将字段显示为报表顶部的列。

➢筛选：可以为"筛选"字段中的每个项目创建单独的数据透视表工作表。

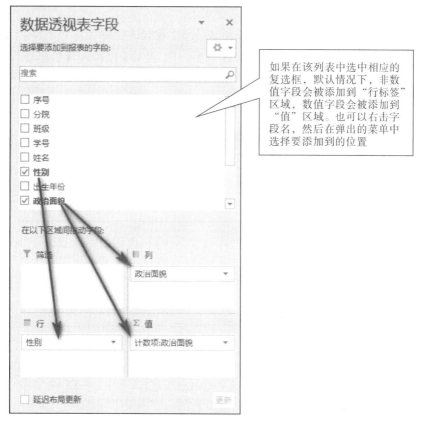

图 3-70　"数据透视表字段"设置

步骤 6: 在数据透视表外单击,数据透视表创建结束,效果如图 3-71 所示。最后再次保存工作簿。

图 3-71　数据透视表效果

2. 数据透视图

虽然数据透视表具有较全面的分析汇总功能,但是对于一般使用人员来说,它显得布局太凌乱,很难一目了然。而采用数据透视图,则可以让人非常直观地了解所需要的数据信息。

相关微课

其创建过程与创建数据透视表的方法类似。

步骤1：在该工作薄的最后新建工作表，命名为"数据透视图"。

步骤2：单击"学生基本信息表"中的任一单元格，单击【插入】—【数据透视图】—【数据透视图】（如图3-72所示），打开"创建数据透视图"对话框。

图3-72　插入数据透视图

步骤3：此时，"学生基本信息表"数据源自动添加到"创建数据透视图"对话框的"表/区域"中。只需单击单选按钮【现有工作表】，并单击选择步骤1中建好的工作表"数据透视图"的A1单元格，设置好的"数据透视图"对话框如图3-73所示。单击【确定】按钮。

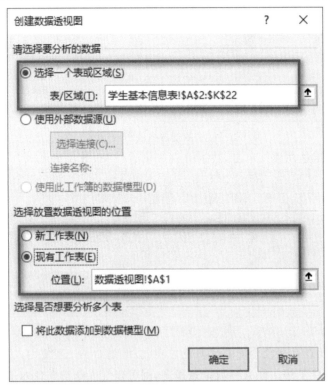

图3-73　设置"创建数据透视图"对话框

步骤4：此时进入设置数据透视图字段环节：将图3-74中右侧所示的字段"性别"拖拽到下方的"轴（类别）"和"Σ值"，将字段"政治面貌"拖拽到下方的"图例（系列）"，就得到了和已建数据透视表一致的数据透视图。

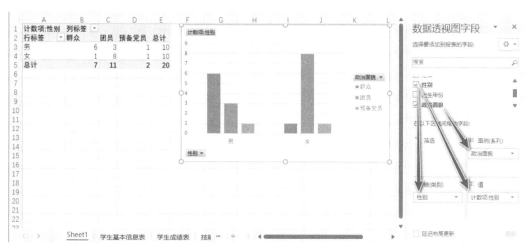

图 3-74　设置"数据透视图字段"

读者可以尝试拖动不同字段到不同的位置,会得到不一样的显示布局。还可以选中透视图的元素,单击鼠标右键,利用快捷菜单对其进行编辑。

任务四　技能拓展

任务描述 1

数据的批量操作:批量填充、批量缩放

快速把数据区域的空白单元格填写"无";并将数据在原基础上增大 100 倍。

相关微课

任务实施

批量填充

步骤 1:打开数据表"某产品销售情况",选择数据区域;

步骤 2:按下功能键 F5,打开"定位"对话框。单击【定位条件】按钮(如图 3-75 所示);

步骤 3:此时打开"定位条件"对话框。选择【空值】单选按钮(如图 3-76 所示),单击【确定】按钮;

步骤 4:输入文本"无",按 Ctrl+Enter,即完成了"无"的快速填充。

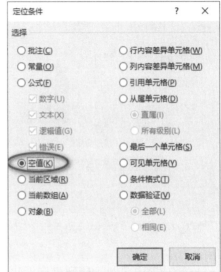

图 3-75 "定位"对话框　　　　　图 3-76 设置"位条件"对话框

批量缩放：

步骤 1： 在数据区域下方，任选一单元格，输入放大的倍数（这里放大 100 倍）；

步骤 2： 复制该单元格；

步骤 3： 选择数据区域，单击鼠标右键，在弹出的快捷菜单中选择"选择性粘贴"（如图 3-77 所示）。

步骤 4： 此时打开"选择性粘贴"对话框：选择【乘】（如图 3-78 所示），并单击【确定】按钮。

图 3-77 选择"选择性粘贴"快捷菜单

图 3-78 设置"选择性粘贴"对话框

任务描述 2

数据验证:

设定某列不能输入重复的数值。

相关微课

任务实施

步骤 1:打开电子表格,选中要设置禁止重复输入的列(这里选定 A 列)。

步骤 2:切换到"数据"选项卡,单击【数据验证】按钮,在弹出的下拉菜单中选择"数据验证",打开"数据验证"对话框。按图 3-79 所示设置验证条件,公式为"=COUNTIF(A:A,A1)=1"。

图 3-79 设置验证条件

这样就将 A 列单元格设置为禁止输入重复的数据了。可输入任何一个数值,但是不能输入相同的数据,一旦重复就会弹出警告,从而保证了该列每个数据的唯一性。

任务描述 3

其他常用函数:

1. 四舍五入到整百(ROUND)

2. 替换函数(REPLACE)

3. 求闰年(IF、AND、OR、MOD)

4. 数据库函数(DAVERAGE,DCOUNT)

相关微课

四舍五入和替换函数

任务实施

1. 将 B1 的数据四舍五入到整百,保存在 C1 中。

步骤:插入 ROUND 函数,并按图 3-80 所示设置参数。

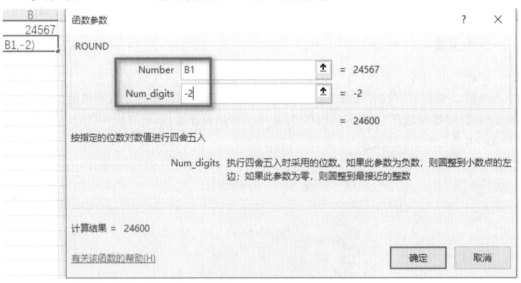

图 3-80 设置 ROUND 函数参数

2. 给公布的电话号码中间 4 位加密隐藏。

步骤:插入 REPLACE 函数,并按图 3-81 所示设置参数。

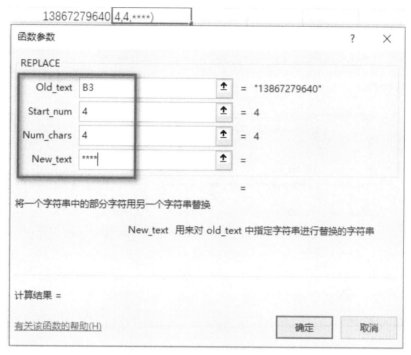

图 3-81 REPLACE 函数参数设置

如果知道字符在单元格中的具体位置,都可以使用 REPLACE 函数来进行替换改变单元格的内容,如:电话号码的升级等。

相关微课

3. 判断闰年与否:如果是,结果保存"闰年";如果不是,则结果保存"平年",并将结果保存在"是否为闰年"列中。

闰年定义:年数能被 4 整除而不能被 100 整除,或者能被 400 整除的年份。

步骤 1:将闰年定义转换成表达式,如图 3-82 所示:

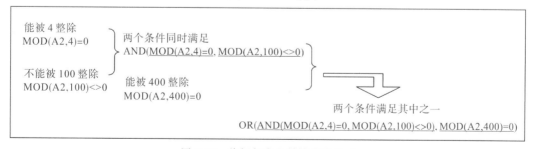

图 3-82 将闰年定义转换成表达式

步骤 2:插入 IF 函数,并按所示设置函数参数(如图 3-83 所示):Logical_test 中的参

数为"OR(AND(MOD(A2,4)=0,MOD(A2,100)<>0),MOD(A2,400)=0)"。双击
B2 单元格的填充柄。

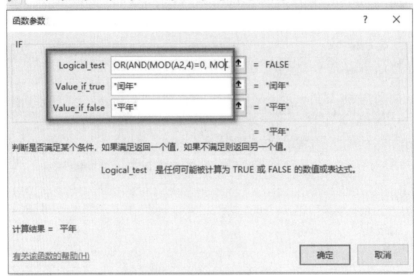

图 3-83　IF 函数参数设置

相关微课

4. 数据库函数

根据"采购情况表",使用数据库函数及已设置的条件区域,计算:

(1)商标为上海,瓦数小于 100 的白炽灯的平均单价

(2)产品为白炽灯,瓦数大于等于 80 且小于等于 100 的品种数

采购情况表							
产品	瓦数	寿命（小时）	商标	单价	每盒数量	采购盒数	采购总额
白炽灯	200	3000	上海	4.50	4	3	
氖管	100	2000	上海	2.00	15	2	
日光灯	60	3000	上海	2.00	10	5	
其他	10	8000	北京	0.80	25	6	
白炽灯	80	1000	上海	0.20	40	3	
日光灯	100	未知	上海	1.25	10	4	
日光灯	200	3000	上海	2.50	15	0	
其他	25	未知	北京	0.50	10	3	
白炽灯	200	3000	北京	5.00	3	2	
氖管	100	2000	北京	1.80	20	5	
白炽灯	100	未知	北京	0.25	10	5	
白炽灯	10	800	上海	0.20	25	2	
白炽灯	60	1000	北京	0.15	25	0	
白炽灯	80	1000	北京	0.20	30	2	
白炽灯	100	2000	上海	0.80	10	5	
白炽灯	40	1000	上海	0.10	20	5	

条件区域1：		
商标	产品	瓦数
上海	白炽灯	<100

条件区域2：		
产品	瓦数	瓦数
白炽灯	>=80	<=100

情况	计算结果
商标为上海,瓦数小于100的白炽灯的平均单价：	
产品为白炽灯,其瓦数大于等于80且小于等于100的品种数：	

图 3-84　采购情况表

（1）步骤：在"计算结果"1中插入数据库函数DAVERAGE，按图3-85所示设置函数参数。

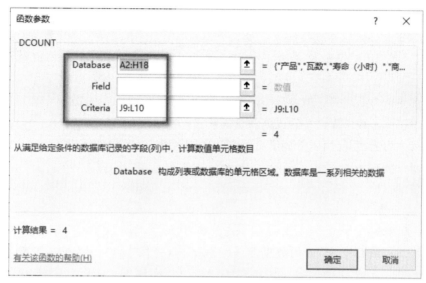

图3-85　DAVERAGE函数参数设置

（2）步骤：在"计算结果"2中插入数据库函数DCOUNT，按图3-86所示设置函数参数。

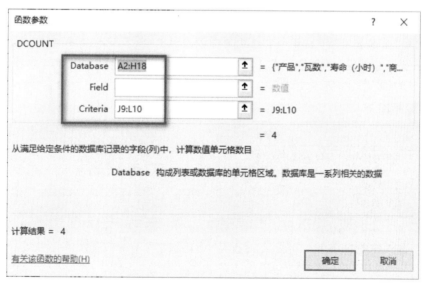

图3-86　DCOUNT函数参数设置

课后实战

设计一份名为《班级管理》的Excel文件，A4幅面纸大小，其中包含若干个工作表。要求：

（1）创建作息时间表和课程表，格式自定义，并将工作表分别命名为"作息时间表"和

"＊＊班课程表"。要求:对表格进行美化,有标题,加合适的边框,并对表格进行合理调整,可在一页完成打印,打印后清晰美观。

(2)创建一个成绩测评表,将工作表命名为"成绩表"。要求:

录入字段名:姓名、性别、班级(至少 3 个班)、学号、英语、高数、计算机、政治、大学语文等,并录入数据,记录数据不少于 40 条,格式自定。然后再加上平均成绩和总成绩字段。

➢要求使用自动填充法填充"学号"数据。

➢要求使用函数计算出平均成绩和总成绩。

➢根据平均成绩,使用函数显示出每个学生的等级:

＞＝90 优秀

＞＝75 良

＞＝60 合格

＜60 不合格

➢将平均成绩高于 85 分的数据改为绿色字体,将低于 60 分的平均成绩底色设为红色。

➢使用函数求出各个等级学生的个数,并算出各等级学生占总体学生的百分比。

➢筛选出"优秀"的学生,将其另存到新工作表,并命名为"优秀学生"。

➢按学生等级统计各个班级的各个科目的平均成绩,建立透视表及透视图。

➢按照班级对学生总成绩进行分类汇总(汇总方式为求平均值)。

(3)根据"成绩测评表"创建一个或几个图表。要求:图表样式自定,格式自定。

(4)按要求命名保存(命名格式:"学校－班级－班级序号－姓名",如"湖职院－软件2101－1－姜玲燕"),提交该文档。

附评分标准:

序号	观测点	分值
1	作息时间表和课程表清晰美观	20
2	成绩测评表: 学号填充(5) 平均成绩和总成绩(5) 学生成绩等级评定(10) 特殊成绩突出显示(10) 各个等级学生的个数(10) 筛选出"优秀"的学生(5) 建立透视表及透视图(10) 分类汇总(5)	60
3	图表的设计与制作	10
4	其他细节的处理	10
合计		100

附　录

一级《计算机应用基础》考试大纲（2019 版）

· 考试目标

测试考生理解计算机学科的基本知识和方法,掌握基本的计算机应用能力,计算思维、数据思维能力和信息素养,注重考核计算机新技术,使考生能跟上信息科技的飞速发展,适应社会的需求。

· 基本要求

1. 了解计算机科学领域的知识和发展趋势并了解计算机新技术领域知识。

2. 理解系统、软件、算法、数据和通信的基本概念及相互关系。

3. 掌握利用计算思维、数据思维和计算工具分析和解决问题的方法。

4. 掌握办公软件、移动应用,具有利用计算机处理日常事务的能力。

5. 了解计算机相关法律法规、信息安全知识和计算机专业人员的道德规范。

· 考试内容

1. 信息技术的发展历程、现代信息技术的基本内容和发展趋势及计算机新技术。

2. 计算机硬件系统的组成及各部分的功能。

3. 计算机软件系统、操作系统与应用软件的相关概念。

4. 计算思维、数据思维以及他们与计算机的关系。

5. 算法和数据结构的相关概念及常见的几种典型算法。

6. 数据信息表示,数据存储及处理。

7. 数据库的基本概念及应用,数据挖掘及大数据技术。

8. 多媒体技术的基本概念和多媒体处理技术。

9. 计算机网络的发展、功能及分类。

10. 互联网的原理、概念及应用。

11. 网络信息安全的概念及防御。

12. 互联网＋、云计算、物联网、区块链等新技术的基本概念及应用。

13. 虚拟现实与增强现实的基本概念和应用领域。

14. 人工智能的发展、研究方法及应用领域。

15.计算机和法律,软件版权和自由软件,国产软件知识,计算机专业人员的道德规范。

16.文字信息处理(MS Office 和 WPS 二选一)、熟练掌握应用文字信息处理技术处理专业领域的问题及日常事务处理,主要包括:

(1)基本操作:新建、打开、保存、保护、打印(预览)、文档;

(2)基本编辑操作:插入、删除、修改、替换、移动、复制,字体格式化,段落格式化,页面格式化;

(3)文本编辑操作:分节、分栏、项目符号与编号、页眉和页脚、边框和底纹、页码的插入,时间与日期的插入;

(4)表格操作:表格的创建和修饰,表格的编辑,数据的排序;

(5)图文混排:图片、文本框、艺术字、图形等的插入与删除、环绕方式和层次、组合等设置、水印设置、超链接设置;

17.表格信息处理 MS Office 和 WPS 二选一。熟练掌握应用表格信息处理技术处理财务、管理、统计等各领域的问题,主要包括:

(1)工作簿、工作表基本操作:新建工作簿、工作表和工作表的复制、删除、重命名;单元格的基本操作,常用函数和公式使用;

(2)窗口操作:排列窗口、拆分窗口、冻结窗口等;

(3)图表操作:利用有效数据,建立图表、编辑图表等;

(4)数据的格式化,设置数据的有效性;

(5)数据排序、筛选、分类汇总、分级显示。

18.演示文稿设计 MS Office 和 WPS 二选一。熟练掌握应用演示文稿设计处理汇报、宣传、推介、咨询等领域的问题,主要包括:

(1)演示文稿创建和保存,演示文稿文字或幻灯片的插入、修改、删除、选定、移动、复制、查找、替换、隐藏;幻灯片次序更改、项目的升降级;

(2)文本、段落的格式化,主题的使用,幻灯片母版的修改,幻灯片版式、项目符号的设置,编号的设置;背景的设置,配色的设置;

(3)图文处理:在幻灯片中使用文本框、图形、图表、表格、图片、艺术字、SmartArt 图形等,添加特殊效果,当前演示文稿中超链接的创建与编辑;

(4)建立自定义放映,设置排练计时,设置放映方式。

19.移动应用。熟练掌握新闻、通讯、电商、财务、检索、知识服务等各种常用移动APP 的使用。

二级《办公软件高级应用技术》考试大纲(2019版)

·考试目标

测试考试对常用办公软件的高级应用和操作能力。要求考生能够掌握文档的个性化设置,掌握长文档的自动化排版,掌握文档的程序化和批量化设置。要求考生能够使用计算思维和数据思维设置表格,处理数据、进行数据分析。同时培养学生的审美观念,能够在演示文稿的设计和创建中融入美学。同时要求考生能够了解目前常用办公软件的基本功能和操作。

·基本要求

1.掌握 MS Office 2019(或 WPS Office 2019)各组件的运行环境、视窗元素等;

2.掌握 Word(或 WPS 文字)的基础理论知识以及高级应用技术,能够熟练掌握长文档的排版(页面设置、样式设置、域的设置、文档修订等)。

3.掌握 Excel(或 WPS 表格)的基础理论知识以及高级应用技术,能够熟练操作工作簿、工作表、熟练地使用函数和公式,能够运用 Excel(或 WPS 表格)内置工具进行数据分析、能够对外部数据进行导入导出等

4.掌握 PowerPoint(或 WPS 演示文稿)的基础理论知识以及高级应用技术,能够熟练掌握模版、配色方案、幻灯片放映、多媒体效果和演示文稿的输出。

5.了解 MS Office 2019(或 WPS Office 2019)的文档安全知识,能够利用 MS Office 2019(或 WPS 2019)的内置功能对文档进行保护。

6.了解 MS Office 2019(或 WPS Office 2019)的宏知识、VBA 的相关理论,并能够录制简单宏,会使用 VBA 语句。

7.了解常用的办公软件的基本功能和操作,包括基本绘图软件、即时通讯软件、笔记与思维导图软件以及微信小程序软件的基本使用。

·考试内容

一、Word(或 WPS 文字)高级应用

1.页面设置

(1)掌握纸张的选取和设置,掌握版心概念,熟练设置版心。

(2)掌握不同视图方式特点,能够熟练根据应用环境选择和设置视图方式。

(3)掌握文档分隔符的概念和应用,包括分页、分栏和分节。熟练掌握节的概念,并能正确使用。

(4)掌握页眉、页脚和页码的设置方式、熟练根据要求设置节与页眉、页脚以及页码。

2.样式设置

(1)掌握样式的概念,能够熟练地创建样式、修改样式的格式,使用样式和管理样式。

(2)掌握引用选项功能,熟练使用和设置脚注、尾注、题注、交叉引用、索引、书签和目录等引用工具。

(3)掌握模板的概念,能够熟练地建立、修改、使用、删除模板。

3.域的设置

(1)掌握域的概念,能按要求创建域、插入域、更新域,显示或隐藏域代码

(2)掌握一些常用域的应用例如 Page 域、Section 域、NumPages 域、TOC 域、TC 域、Index 域、StyleRef 域等。

(3)掌握邮件合并功能,熟练应用邮件合并功能发布通知、邮件或者公告。

4.文档修订和批注

(1)掌握审阅选项的设置。

(2)掌握批注与修订的概念,熟练设置和使用批注与修订。

(3)学会在审阅选项下对文档的修改项进行比较。

二、Excel(或 WPS 表格)高级应用

1.工作表的使用

(1)能够正确地分割窗口、冻结窗口,使用监视窗口。

(2)理解样式、能新建、修改、应用样式,并从其他工作簿中合并样式,能创建并使用模板,并应用模板控制样式,会使用样式格式化工作表。

2.单元格的使用

(1)掌握单元格的格式化操作。

(2)掌握自定义下拉列表的创建与应用。

(3)掌握数据有效性的设置,能够根据情况熟练设置数据有效性。

(4)掌握条件格式的设置,能够熟练设置条件格式。

(5)学会名称的创建和使用。

(6)掌握单元格的引用方式,能够根据情况熟练使用引用方式。

3.函数和公式的使用

(1)掌握数据的舍入方式。

(2)掌握公式和数组公式的概念,并能熟练掌握对公式和数组公式的使用。

(3)熟练掌握内建函数(统计函数、逻辑函数、数据库函数、查找与引用函数、日期与时间函数、财务函数等),并能利用这些函数对文档数据进行统计、分析、处理。

4.数据分析

(1)掌握表格的概念,能设计表格,使用记录单,利用自动筛选、高级筛选以及数据库函数来筛选数据列表,能排序数据列表,创建分类汇总。

(2)了解数据透视表和数据透视图的概念,掌握数据透视表和数据透视图的创建,能够熟练地在数据透视表中创建计算字段或计算项目,并能组合数据透视表中的项目。

能够使用切片器对数据透视表进行筛选,使用迷你图对数据进行图形化显示。

5.外部数据导入与导出

了解数据库、XML、网页和文本数据导入到表格中的方法,掌握文本数据的导入与导出。

三、PowerPoint(或 WPS 演示)高级应用

1.设计与配色方案的使用

（1）掌握主题的使用。

（2）掌握使用、创建、修改、删除配色方案。

（3）掌握母版的设计与使用，熟练掌握和使用母版中版式的设计。

2.幻灯片动画设置

（1）掌握自定义动画的设置、多重动画设置、触发器功能设置。

（2）掌握动画排序和动画时间设置。

（3）掌握幻灯片切换效果设置、切换速度设置、自动切换与鼠标单击切换设置以及动作按钮设置。

3.幻灯片放映

（1）掌握幻灯片放映方式设置、幻灯片隐藏和循环播放的设置。

（2）掌握排练与计时功能。

4.演示文稿输出

（1）学会将演示文稿输出和保存的方式。

四、公共组件的使用

1.文档保护

（1）学会对文档进行安全设置：Word（或 WPS 文字）文档的保护，Excel（或 WPS 表格）中的工作簿、工作表、单元格的保护，演示文稿安全设置：正确设置演示文稿的打开权限、修改权限密码。

（2）学会文档安全权限设置，掌握文档密码设置。

（3）学会 Word（或 WPS 文字）文档保护机制：格式设置限制、编辑限制。

（4）学会 Word（或 WPS 文字）文档窗体保护：分节保护、复选框窗体保护、文字型窗体域、下拉型窗体域。

（5）学会 Excel（或 WPS 表格）工作表保护：工作簿保护、工作表保护、单元格保护、文档安全性设置、防打开设置、防修改设置、防泄私设置、防篡改设置。

2.宏的使用

（1）了解宏概念。

（2）了解宏的制作及应用，学会简单宏的录制和宏的使用。

（3）了解宏与文档及模板的关系。

（4）了解 VBA 的概念包括 VBA 语法基础、对象及模型概念、常用的一些对象。

（5）了解宏安全包括宏病毒概念、宏安全性设置。

五、其他常用办公软件的使用

1.了解常用绘图软件的功能和使用方式。

2.了解常用即时通讯软件的功能和使用方式。

3.了解常用笔记软件的功能和使用方式。

4.了解常用微信小程序软件的功能和使用方式。

5.了解常用思维导图软件的功能和使用方式。

二级《WPS 办公软件高级应用技术》考试大纲

· 考试目标

测试考生对办公软件 WPS 的应用和操作能力,提高学生计算机水平和素质,主要目标包括以下内容:

1. 要求考生能够掌握 WPS 文字的高级应用和对应操作,要求考生掌握文字处理中的个性化、自动化以及程序化操作。

2. 要求考生能够掌握 WPS 表格的高级应用和对应操作,要求考生具备表格处理中的数据获取、数据计算、数据处理、数据分析以及数据可视化等有关操作,要求考生具备一定计算思维和数据思维。

3. 要求学生掌握 WPS 演示文稿的高级应用和对应操作,要求考生掌握演示文稿处理中的高效性、交互性等操作并能够融入美学元素。

4. 要求考生了解 WPS 中文档安全的有关操作,要求考生具备办公软件中信息安全和保密意识。

5. 要求考生掌握 WPS 一站式融合办公的基本概念和操作,要求考生能够及时了解办公软件中的最新热门应用。

6. 要求考生了解 WPS 云办公应用场景的基本概念和操作,要求考生能够了解办公软件中云的应用。

· 基本要求

1. 掌握 WPS 办公环境、学会 WPS 文档基本操作、学会 WPS 工作窗口和编辑界面的主要功能和操作。

2. 掌握 WPS 文字的理论知识和应用技术,熟练掌握 WPS 文字处理的高级操作,主要包括页面个性化设置,长文档的自动排版,文档的程序化设置等内容。

3. 掌握 WPS 表格的理论知识和应用技术,熟练掌握 WPS 表格处理的高级操作,主要包括工作簿、工作表和单元格等有关操作,数据获取和处理,数据计算,数据分析和可视化等内容。

4. 掌握 WPS 演示文稿的理论知识和应用技术,熟练掌握 WPS 演示文稿的高级操作,主要包括母版和版式设计、交互式操作(动画、切换以及触发器等)、演示文稿的放映设置和导出等内容。

5. 了解 WPS 的文档安全知识,掌握基本的文档保护操作。

6. 了解 WPS 中其它热门应用,了解相关应用软件的基本功能和操作,主要包括PDF、流程图、脑图、图片设计等。

7. 了解 WPS 云办公应用场景,了解云在 WPS 办公软件中的应用,主要包括文件的云备份、云同步、云安全、云共享、云协作等基本操作。

·考试内容

一、WPS 文字应用

1. 页面设置

(1)掌握纸张的选取和设置,掌握版心概念,熟练设置版心。

(2)掌握不同视图方式特点,能够根据应用场景熟练选择和设置视图方式。

(3)掌握文档分隔符的概念和应用,包括分页、分栏和分节。掌握节的概念,并能熟练正确使用。

(4)掌握页眉、页脚和页码的设置方式、根据要求熟练设置页眉、页脚和页码。

2. 样式设置

(1)掌握样式的概念,能够熟练创建样式、修改样式格式,正确使用样式。

(2)掌握引用选项功能,熟练创建和设置目录、脚注、尾注、题注、交叉引用、索引等引用工具,掌握书签的创建、显示、交叉引用等操作。

(3)掌握模板的概念,能够建立、修改、使用、删除模板。

3. 域的设置

(1)了解域的概念,能按要求创建域、插入域、更新域,显示和隐藏域代码

(2)掌握一些常用域的应用,例如 Page 域、NumPages 域、TOC 域、TC 域、Index 域、StyleRef 域、DOCPROPERTY 域等)。

(3)掌握邮件合并功能,熟练应用邮件合并功能发布通知、邮件或者公告。

4. 文档修订和批注

(1)掌握审阅选项的设置。

(2)掌握批注与修订的概念,熟练设置和使用批注与修订。

(3)学会在审阅选项下比较文档。

二、WPS 表格高级应用

1. 工作表的使用

(1)能够正确设置视图,包括拆分窗口、冻结窗口、重排窗口等。

(2)理解样式、能新建、修改、应用样式,并从其他工作薄中合并样式,能创建并使用模板,并应用模板控制样式,会使用样式格式化工作表。

2. 单元格的使用

(1)掌握数据有效性的设置,能够熟练设置数据有效性。

(2)掌握条件格式的设置,能够熟练设置条件格式。

(3)学会名称的创建和使用。

(4)掌握单元格的引用方式,能够熟练使用引用方式。

3. 函数和公式的使用

(1)掌握数据的舍入方式。

(2)掌握公式和数组公式的概念,熟练使用公式和数组公式。

(3)熟练掌握内建函数(统计函数、逻辑函数、数据库函数、查找与引用函数、日期与时

间函数、财务函数等),并能使用其对文档数据进行计算、统计、分析和处理。

4.数据分析

(1)学会使用记录单功能,掌握自动筛选、高级筛选进行数据筛选,掌握数据排序方法,学会数据分类汇总和数据对比。

(2)了解数据透视表和数据透视图的概念,掌握数据透视表和数据透视图的创建,能够熟练地在数据透视表中创建计算字段或计算项目,并能组合数据透视表中的项目。学会迷你图、图表等数据可视化操作。

(3)学会使用数据工具进行合并计算,学会模拟分析,能够进行单变量求解和规划求解。

5.数据的导入导出

(1)了解 WPS 表格获取外部数据的方法以及 WPS 表格数据的导出方法。

三、WPS 演示高级应用

1.设计与母版的使用

(1)掌握设计中主题的使用,掌握幻灯片背景、配色方案、页面和大小设置。

(2)掌握版式的设计与使用,能够创建和设计版式。

(3)掌握母版的设计与使用,掌握母版的概念和设计。

2.交互式设置

(1)掌握动画的设置,包括自定义动画、多重动画以及触发器等功能的设置。

(2)掌握动画排序和动画时间设置。

(3)掌握幻灯片切换效果设置、切换速度设置、自动切换与鼠标单击切换设置。

(4)掌握演示文稿中链接的设置,主要包括动作按钮设置以及其它超链接操作。

3.演示文稿放映

(1)掌握放映方式设置、幻灯片隐藏和循环播放的设置。

(2)掌握排练与计时功能。

4.演示文稿输出

(1)学会演示文稿导出和保存的方式。

四、文档保护与共享

1.文档保护

(1)学会对文档进行安全设置,主要包括 WPS 文字的保护,WPS 表格中工作薄、工作表、单元格的保护,WPS 演示文稿安全设置,正确设置 WPS 文档的打开权限、修改权限密码等操作。

(2)学会 WPS 文字文档保护机制,主要包括格式设置限制、编辑限制等操作。

(3)了解 WPS 文字文档窗体保护,主要包括分节保护、复选框窗体保护、文字型窗体域、下拉型窗体域等操作。

(4)学会 WPS 表格保护:主要包括工作薄保护、工作表保护、单元格保护等操作。

2.文档共享

（1）了解 WPS 文档共享方法，学会基本操作。

（2）了解 WPS 表格共享协作方法，学会基本操作。

（3）了解 WPS 演示文稿共享方法。学会基本操作。

五、WPS 一站式融合办公和云办公应用场景

1.了解 PDF 文件的基本功能和使用方法。

2.了解 WPS 流程图文件的基本功能和使用方法。

3.了解 WPS 脑图文件的基本功能和使用方法。

4.了解 WPS 图片设计的基本功能和使用方法。

5.了解 WPS 云办公云服务的基本功能和使用方法。了解 WPS 云办公应用场景，学会文件的云备份、云同步、云安全、云共享、云协作等基本操作。

参考文献

［1］李建刚,李强.计算机应用基础案例教程(微课版)[M].成都:电子科技大学出版社,2019

［2］周柏清.计算机基础项目化教程(Windows 7＋Office 2010)[M].北京:航空工业出版社,2015

［3］沈晶晶,施力维,沈洁.绿色发展信路径 在湖州看见美丽中国[EB/OL].(2008－13)［2020－08］. https://baijiahao. baidu. com/s? id＝16748746061905096108&wfr＝spider&for＝pc

［4］李媛媛.浅谈版式设计中的色彩搭配[J].艺术科技 ,2012(05):38

［5］Fortor 懒设计.如何做好 PPT 封面设计[EB/OL].(2019－06)［2020－08］. https://www. zhihu. com/question/24727702

［6］利兄.揭秘 PPT 目录页的 5 种设计方法[EB/OL].(2020－03)［2020－08］. https://zhuanlan. zhihu. com/p/31559363\

［7］指北针.那些超有设计感的「PPT 过渡页」是怎么设计的[EB/OL].(2019－04)［2020－08］. https://zhuanlan. zhihu. com/p/64259043

［8］觉悟之家. PPT 内容页设计的 5 个加分技巧[EB/OL].(2018－09)［2020－08］. http://www. 360doc. com/content/18/0920/18/58985144_788309654. shtml

［9］泰龙 1227.让我的 PPT 会说话[EB/OL].(2012－04)［2020－08］. https://eduai. baidu. com/view/0f50401e10a6f524ccbf85c5

［10］利兄.拒绝俗套,PPT 封底正确使用手册[EB/OL].(2017－06)［2020－08］ https://www. sohu. com/a/146766603_654345

［11］郑燕萍. PPT 魔法课堂[EB/OL].(2020－08)［2020－09］ https://www. xsteach. com/course/video/300017

［12］浙江省高校计算机等级考试网:http://www. zjccet. com/a/djks/index. htm

［13］浙江省高等学校精品在线开放课程共享平台:http://zjedu. zlgc2. chaoxing. com/